OpenAI Gym/ Baselines

深層学習　強化学習

人工知能プログラミング　実践入門

レトロゲーム、Unity ゲーム、マインクラフト、
スタークラフト 2、ロボット制御、FX・株トレードを攻略

布留川 英一 著

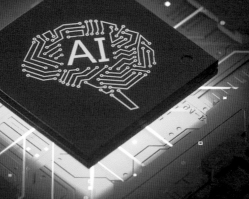

Born Digital, Inc.

本書のダウンロードデータと書籍情報について

本書に掲載したサンプルプログラムのダウンロードデータは、ボーンデジタルのウェブサイトの本書の書籍ページ、または書籍のサポートページからダウンロードいただけます。

https://www.borndigital.co.jp/book/

また、本書のウェブページでは、発売日以降に判明した正誤情報やその他の更新情報を掲載しています。本書に関するお問い合わせの際は、一度当ページをご確認ください。

■サンプルプログラムで使用した機械学習フレームワーク

本書に掲載したサンプルプログラムは、以下の機械学習フレームワークを使用しています。

- Python 3.6.7
- TensorFlow 1.14.0
- OpenAI Gym 0.15.3
- Gym Retro 0.7.0
- Stable Baselines 2.8.0
- NumPy 1.17.2
- Matplotlib 3.1.1
- pandas 0.25.2

それぞれのフレームワークの利用環境の詳細は、1章、2章など本文を参照してください。

なお、フレームワークのバージョンが更新された際には、本書の解説と異なる、もしくはサンプルプログラムが動作しない場合がありますので、あらかじめご了承ください。

はじめに

　この本は、「人工知能」を学習させて、レトロゲーム、Unity ゲーム、マインクラフト、スタークラフト 2、ロボット制御、FX・株トレードなどの攻略に挑戦する本です。「ソニック・ザ・ヘッジホッグ」をはじめとする、さまざまなゲームの攻略を基礎から応用まで、ステップ・バイ・ステップで実践しながら学ぶことができます。「人工知能」を学習させるための手法として「強化学習」を使います。

　本書の対象読者は、以下になります。

- 人工知能のプログラミングをはじめたい人
- 人工知能でゲームを攻略したい人
- 人工知能でロボット制御などの実世界のタスクを自動化したい人

　現在、人工知能は私たちの社会に浸透しつつあります。そこで必ず出てくるのが「人工知能が人間の仕事を奪う」といった脅威論ですが、実際にはそれとは少し異なることが起きています。たとえば、「DeepMind 社」の人工知能「AlphaGo」がトップ棋士に勝利しましたが、「AlphaGo」の開発者の囲碁の腕はトップ棋士よりも劣るはずです。

　この事実は、「人工知能を使いこなす人間が、既存の専門家以上の成果を上げることができる」ということを示しています。今後、さまざまな分野において人工知能を使いこなす人達が、既存の専門家ではできなかったような業績を上げていくでしょう。

　そして、2020 年がはじまった現時点での人工知能の能力は、e スポーツで有名な「StarCraft II」や「Dota 2」で、人間のトッププレイヤーに勝利するようになった段階にあります。「マインクラフト」のような 3D ゲームや、実世界で動くロボット制御は、まだ人間ほどうまく学習できていませんが、着実に進化している最中です。この絶賛進化中の人工知能の学習方法のノウハウを詰め込んだのが、この本になります。

　本書は主に、「OpenAI」が提供する開発フレームワーク「OpenAI Gym」「OpenAI Baselines」（および改良版の「Stable Baselines」）「Gym Retro」を使用します。

　「OpenAI」は、人工知能関連の非営利団体として 2015 年末に設立され、主にゲームの強化学習に関わる情報を積極的に公開していることで定評があります。また、特定のゲームを題材にしたコンテストも開催しており、多くの参加者が作成した人工知能の性能を競い合っています。

　これら開発フレームワークを使うことで、最先端の人工知能研究者が発表している最新の学習アルゴリズムを、そのまま活用することができます。

　本書が、人工知能のプログラミングをはじめる人の手助けとなり、より多くの分野で人工知能を活用するきっかけとなることを願っています。

　最後になりますが、ボーンデジタルの佐藤英一さん、絵を描いていただいた平澤誠治さん、そのほか協力してくれた方々、ありがとうございました。

布留川　英一

本書の構成

　本書では、米国の非営利団体「OpenAI」が公開している主にゲーム AI を開発するためのフレームワーク「OpenAI Gym」を使って、ゲームを含むさまざまな環境の攻略に挑戦します。ゲーム攻略の 1 つのゴールとして、「OpenAI」が 2018 年にコンテストを行った「ソニック・ザ・ヘッジホッグ」（セガ）のステージをクリアする AI を作成します。

　本書で使用する開発環境はオープンソースで、サンプルとするレトロゲームも付属しているため自由に活用できますが、「ソニック」は市販ゲームのため、ゲームの購入が必要になる点にご注意ください。※

　本書の主題は、レトロゲームを攻略する AI を「強化学習」「模倣学習」により作成することですが、最後の 8 章ではレトロゲーム以外のさまざまな学習環境も紹介しています。

※ 2020 年 1 月現在、PC ゲームのダウンロード販売プラットホーム「Steam」で 500 円前後で販売されています。

　開発言語としては「Python」を使っており、2 章で Python の基本的な文法について簡単に整理しています。ただし、Python の初心者の方は、先に別な入門書などをお読みいただくことをお勧めします。また本書は、これから機械学習をはじめる方でも学べるように、1 章で「機械学習の概要」も整理していますが、より深い知識を知りたい方は、専門の書籍を参照してください。

　以降で、各章の概要を紹介します。6 ページには、これらを「本書のロードマップ」として整理していますので、そちらも合わせてご覧ください。

● 1 章　深層学習と強化学習の概要

　本書の前提となる人工知能と機械学習の概要をまとめています。本書では、機械学習の 1 つである「強化学習」でゲームを攻略しますので、その概要はより詳しく解説しています。また以降の章では、さまざまな開発フレームワークを使いながら、ステップ・バイ・ステップでゲーム攻略の基礎から応用までを紹介しますが、そのための開発環境の全体像も解説しています。

● 2 章　Python の開発環境の準備

　Python の開発環境をセットアップし、次章以降でサンプルプログラムを動かすための環境を整備します。本書では、ローカル PC で学習とゲームを実行するために「Anaconda」を、効率的なクラウド学習を行うために「Google Colab」を利用します。また、この章の最後に、Python の文法をコンパクトにまとめています。

● 3 章　OpenAI Gym

　本書のゲーム AI 作成の開発基盤となる「OpenAI Gym」の概要を解説し、実際にインストールして動作確認を行ってみます。「OpenAI Gym」にはレトロゲームだけでなく、ロボット制御や強化学習の教科書で使われるタスクなど、幅広いジャンルに渡る多数の環境が含まれています。本書で取り上げるのはその一部ですが、本書を読み終えたらそれ以外の環境にもチャレンジしてみるとよいでしょう。

● 4 章　Stable Baselines

　本書では、強化学習アルゴリズムの実装セットとして「OpenAI Baselines」の改良版である「Stable Baselines」を利用します。この章では、「Stable Baselines」の概要を

解説し、実際にインストールして強化学習を行い、その成果を確認してみます。「Stable Baselines」には、最新の研究成果を含む多数のアルゴリズムがサポートされているので、それぞれの特徴も整理しています。

さらに、強化学習を高速化するための「マルチプロセッシング」の手法や学習状況の監視方法、独自の Gym 環境の作成方法についても解説します。また、環境の攻略をすぐに試すための学習済みモデルを集めた「Stable Baselines Zoo」も紹介します。

● 5 章　Atari 環境の攻略

この章から実際に、「OpenAI Gym」に含まれる Atari 環境のゲームを攻略していきます。この章でのサンプルは、ブロック崩しゲーム「Breakout」ですが、ローカル PC では膨大な学習時間を必要とするため、それを効率化するための「前処理」「ハイパーパラメータの調整」「クラウド学習」について詳しく解説します。

また、もう 1 つのサンプルとしてボーリングゲーム「Bowling」を取り上げます。このゲームは強化学習だけでは難しいため、強化学習とセットで使われる「模倣学習」での攻略方法を紹介します。

● 6 章　Gym Retro

「Gym Retro」は、メガドライブやスーパーファミコンなどの市販ゲームを攻略するための環境で、「OpenAI Gym」とは別に提供されています。この環境にはゲームそのものは含まれていませんが、動作確認用のシューティングゲーム「Airstriker」が付属しているので、これまで解説した手法を使って攻略してみます。

また、「Gym Retro」に含まれないゲームの強化学習を行うためには、Gym Retro に準拠した環境を構築する必要があり、そのための「ゲームインテグレーション」の作成方法も紹介します。

● 7 章　ソニック環境の攻略

これまで積み上げてきた OpenAI 環境を使った強化学習の集大成として、市販ゲーム「ソニック・ザ・ヘッジホッグ」を購入して、最初のステージを攻略してみます。「ソニック」はより複雑なゲームのため、一度で攻略することは難しく、実行結果を見ながらパラメータの調整を行って、最終的な攻略を目指します。さらに、5 章でも取り上げた「模倣学習」による攻略方法も紹介します。

またソニックは、ゲーム AI 研究用のサンプルとして多く取り上げられているので、その最新成果の一部を最後にまとめています。

● 8 章　さまざまな強化学習環境

ゲーム以外の「OpenAI Gym」として、ロボット制御を行う「Robotics」環境、FX や株式のトレーディングを行う「AnyTrading」環境を解説します。また、ゲーム開発プラットフォーム「Unity」で強化学習を行うための「Unity ML-Agents」も紹介します。

より高度で複雑なゲームである「マインクラフト」や「StarCraft II」も取り上げますが、本書で解説するには大規模過ぎるため、概要のみの紹介に止めています。さらに踏み込んだ情報は、リファレンスとなる URL を掲載してあります。

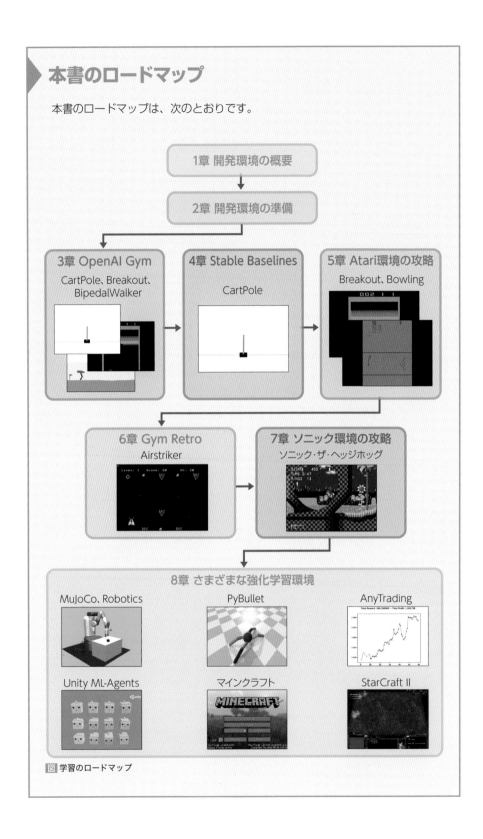

本書のロードマップ

本書のロードマップは、次のとおりです。

1章 開発環境の概要

2章 開発環境の準備

3章 OpenAI Gym

CartPole、Breakout、
BipedalWalker

4章 Stable Baselines

CartPole

5章 Atari環境の攻略

Breakout、Bowling

6章 Gym Retro

Airstriker

7章 ソニック環境の攻略

ソニック・ザ・ヘッジホッグ

8章 さまざまな強化学習環境

MuJoCo、Robotics

PyBullet

AnyTrading

Unity ML-Agents

マインクラフト

StarCraft II

図 学習のロードマップ

本書のサンプルプログラム

本書のサンプルプログラムは、以下のボーンデジタルの本書の書籍ページ、または書籍のサポートページからダウンロードできます。

ボーンデジタルの書籍の Web ページ
http://www.borndigital.co.jp/book/

ダウンロードした zip ファイルを解凍すると、各章ごとのフォルダが用意されていますので、本文の該当ページを参照の上、ご利用ください。なお、本文の掲載リストの左上に「xxxxx.py」などのファイル名を明記しています。

サンプルプログラムの利用について

本書に掲載したサンプルプログラムは、本書の学習のために作成したもので、実用を保証するものではありません。学習用途以外ではお使いいただけませんので、ご注意ください。また、サンプルプログラムに同梱されたデータなども、本書の学習用途でのみ利用できます。なお、本書に掲載したプログラムの著作権は、すべて著者に帰属します。

本文中で、Web サイトから機械学習用のフレームワークやデータをダウンロードして利用している場合がありますが、利用にあたっては使用許諾をご確認の上、使用してください。

CONTENTS

目次

3章　OpenAI Gym

4章 Stable Baselines 092

目次

5章　Atari 環境の攻略

6章　Gym Retro　190

7章　ソニック環境の攻略　　216

目次

コラム一覧

1 深層学習と強化学習の概要

本書は、「人工知能」を学習させて、レトロゲーム、Unity ゲーム、マインクラフト、スタークラフト 2、ロボット制御、FX・株トレードなどの攻略に挑戦する本です。「人工知能」を学習させるための手法として「強化学習」を使います。

この章では、実際にゲームを攻略する AI を作成する前に、機械学習の概要や、本書で使用する開発環境・開発フレームワークについてまとめています。すでに、人工知能や強化学習の基礎知識をお持ちの方は、ざっと読み飛ばしていただいて構いません。

本書は、主に OpenAI が提供する開発フレームワークを使用します。OpenAI は、人工知能関連の非営利団体として 2015 年末に設立され、主にゲームの強化学習に関わる情報を積極的に公開していることで定評があります。また、特定のゲームを題材にしたコンテストも開催しており、多くの参加者が作成した AI の性能を競い合っています。

本書を読み進めて行く際に前提となる概要を、この章で理解してもらえればと思います。

▶ この章の目的

● 人工知能、機械学習、深層学習の概要と仕組み、その関係を理解する
● 本書のメインテーマである「強化学習」の仕組みと概要、用語を理解する
● 本書で使用する開発環境・開発フレームワークの概要を把握する

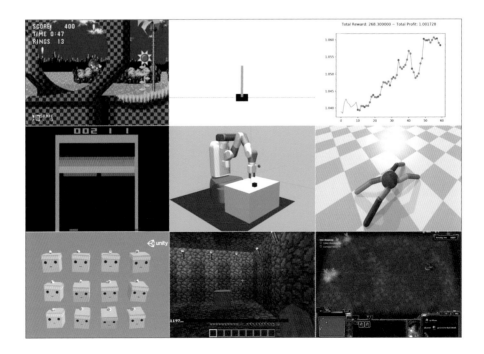

1-1 人工知能と機械学習

はじめに、本書のテーマである機械学習の概要について整理しておきます。数式も出てきますが、数学の深い知識は必要ありません。

人工知能・機械学習・深層学習の概要

「機械学習」（Machine Learning）は、大量のデータの中から規則性を見つけ、分類や判断と言った推論のためのルールを機械に生成させる手法のことです。「人工知能」の研究分野の1つです。

図 1-1-1 人工知能と機械学習と深層学習の関係

「機械学習」以前の人工知能は、予測や判断を行うためのルールをすべて人間が考える必要がありました。しかし、ルールを考える人間がその道のスペシャリストとは限らず、スペシャリストであったとしても、自分の感覚（行動評価）を正しくルールとして定義することは、とても難しい作業になります。

「ルールベース」と呼ばれるこの手法は、人の限界がそのまま人工知能の限界になっていました。

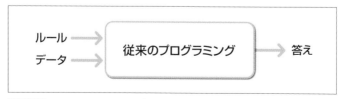

図 1-1-2 ルールベースでは、人間がルールを考える必要がある

そこで登場したのが「機械学習」になります。「機械学習」は、コンピュータが大量のデータを分析し、そのデータに潜んでいる規則性や相互関係をはじめ、答えを導くためのルー

ルを見つけ出してくれます。

　機械学習は、明示的にプログラミングするのではなく、学習を行う仕組みを実装します。
大量のデータと答えを与えると、機械学習はそれらから統計的な構造を抽出し、最終的に
はタスクを自動化するためのルールを生成します。

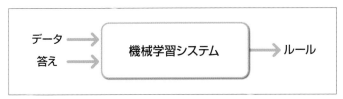

図 1-1-3 機械学習では、データと答えからルールを導き出す

　このルールを見つけ出すための手法の1つが「深層学習」（Deep Learning）になりま
す。「深層学習」は、人間の脳内にある神経細胞「ニューロン」とその繋がりを参考にし
て作られた、「ニューラルネットワーク」と呼ばれるモデルを使って機械学習を行います。
　「ニューラルネットワーク」は、「ネットワーク構造」と調整可能な「重みパラメータ」
の2つの部分で構成されています。学習によって、「重みパラメータ」を最適化することで、
データから答えを出力するルールを生成します。

ニューロンとニューラルネットワーク

　ここでは、ニューロンとニューラルネットワークの概要を解説します。数式が出てきま
すが、数学の深い知識がなくても、概要の理解は可能です。

ニューロン

　人間の脳内にある神経細胞は「ニューロン」と呼ばれます。図 1-1-4 は、「ニューロン」
をモデル化したものです。「重みパラメータ」は、ニューロン同士の繋がりの強さを示し
ます。
　「ニューロン」は、x_1 と x_2 というデータが入力された時、「$x_1 * w_1 + x_2 * w_2$」が「閾
値」よりも大きければ「1」、そうでなければ「0」という答えを出力します。

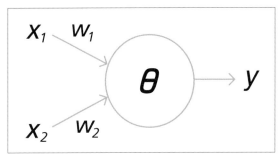

図 1-1-4 ニューロンの基本的な構造

パラメータ	説明
x_1、x_2	入力（データ）
y	出力（答え）
w_1、w_2	重みパラメータ
θ	閾値

　ここで試しに、「$w_1 = 1.0$、$w_2 = 1.0$、$\theta = 1.5$」のように「重みパラメータ」と「閾値」を指定してみてください。ニューロンモデルの「重みパラメータ」と「閾値」を調整することによって、AND 関数（x_1 と x_2 の両方が 1 の時だけ 1）のルールを表現できることがわかります。

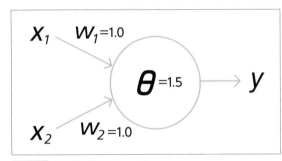

図 1-1-5 AND 関数を表すニューロン

表 1-1-2 AND 関数の入力と出力

x_1	x_2	y
0	0	0
1	0	0
0	1	0
1	1	1

　「$x_1 * w_1 + x_2 * w_2$」を実際に計算してみると、次のようになります。

- 入力が「$x_1 = 0.0$、$x_2 = 0.0$」の時、「$0.0 * 1.0 + 0.0 * 1.0 = 0.0$」（閾値 1.5 以下）で、出力は「0」
- 入力が「$x_1 = 1.0$、$x_2 = 0.0$」の時、「$1.0 * 1.0 + 0.0 * 1.0 = 1.0$」（閾値 1.5 以下）で、出力は「0」
- 入力が「$x_1 = 0.0$、$x_2 = 1.0$」の時、「$0.0 * 1.0 + 1.0 * 1.0 = 1.0$」（閾値 1.5 以下）で、出力は「0」
- 入力が「$x_1 = 1.0$、$x_2 = 1.0$」の時、「$1.0 * 1.0 + 1.0 * 1.0 = 2.0$」（閾値 1.5 以上）で、出力は「1」

ニューロンのモデルは、学習時に「重みパラメータ」だけでなく、「閾値」の最適化も行います。脳内にある「閾値」は脳細胞の感度のようなもので基本的に変化しないので、学習で最適化する時は「閾値」のことを、偏らせるの意味を含めて「バイアス」と呼びます。

■ ニューラルネットワーク

　「ニューロン」は、それ単体では複雑な問題を解くことはできません。そのため、図1-1-6のように「ニューロン」を並べて「層」を作り、さらにその層を積み重ねて、より複雑な問題を扱うことができる「ニューラルネットワーク」を作成します。

　ニューラルネットワークの層のうち、最初にある入力を受け付ける層を「入力層」、最後にある出力を行う層を「出力層」、入力層と出力層の間に位置する層を「隠れ層」と呼びます。入力層のニューロンの数が入力（データ）の数、出力層のニューロンの数が出力（答え）の数になります。

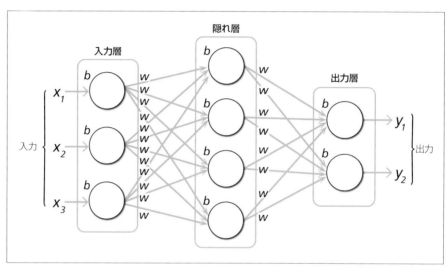

図 1-1-6 ニューラルネットワークの基本的な構造

表 1-1-3 ニューラルネットワークのパラメータ

パラメータ	説明
x_1、x_2、x_3	入力（データ）
y_1、y_2	出力（答え）
w	重みパラメータ
b	バイアス

　隠れ層は複数作成することが可能で、層が4層以上の深いニューラルネットワークを「ディープニューラルネットワーク」と呼びます。

　「深層学習」以前は、4層以上の「ニューラルネットワーク」は、技術的な問題によって十分学習できず、性能も不十分でした。しかし近年、多層のニューラルネットワークでもうまく学習できる手法が次々に発明され、「深層学習」は爆発的に普及しました。

　さらに、学習に必要な計算機の性能向上や、インターネットの広がりによる学習データ

収集の容易化も、それを後押ししました。

モデル作成と学習と推論

「深層学習」には、「モデル作成」と「学習」と「推論」の3つのプロセスがあります。

モデル作成

「モデル作成」では、ニューラルネットワークの「ネットワーク構造」を作成するプロセスです。入力層の入力の数、出力層の出力の数、隠れ層の数、層の種類など、用途に合わせて設計します。

学習前は、「ニューロン」は正しい「重みパラメータ」と「バイアス」がわかっていないため、0や乱数などで初期化します。この状態のモデルに「テストデータ」を与えても、正しい答えは出力されません。

学習

「学習」は、「学習データ」の入力に応じて、適切な「予測値」を出力するように、「重みパラメータ」と「バイアス」を最適化するプロセスです。これには、大量の「学習データ」と「答え」のセットを使います。

動物の写真からネコとイヌのどちらかであるかを分類する学習の場合、「学習データ」は動物の写真、「答え」は「ネコ」と「イヌ」のどちらであるかになります。正解は1.0、不正解は0.0となります。

はじめに、モデルに「学習データ」を入力し、「予測値」を出力します。「予測値」は「答え」を正解と予測した確率で、「ネコ：40%、イヌ：60%」と予測した場合は、「ネコ：0.4、イヌ：0.6」になります。そして、この「予測値」と「答え」の差を計算します。

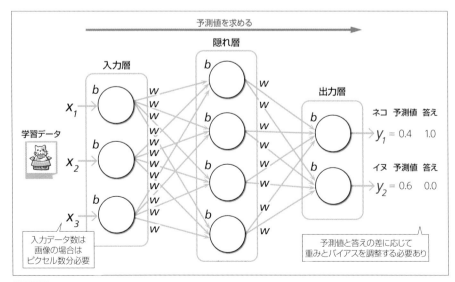

図 1-1-7 学習プロセスでは、最初に予測値と答えを比較する

次に、「予測値」と「答え」の差を小さくするように、「誤差逆伝播法」という方法で「重みパラメータ」と「バイアス」を更新します。

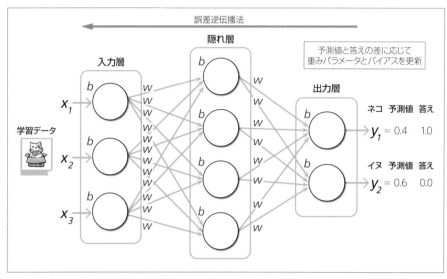

図 1-1-8 学習プロセスでは、続いて最適化を行いパラメータを更新する

　これを繰り返すことで、「予測値」と「答え」の差を徐々に減らしていき、最終的には、「学習データ」の入力に応じて、適切な「予測値」を出力するモデルができます。

▶ 推論

　モデルの学習が完了したら、「テストデータ」をモデルに入力して推論を行います。「予測値」が一番高いものを「答え」に違いないと推論します。

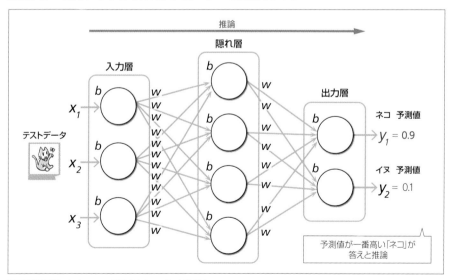

図 1-1-9 推論プロセスで、学習されたモデルを確認する

教師あり学習と教師なし学習と強化学習

「機械学習」の学習方法にはいくつか種類があり、代表的なものとして「教師あり学習」「教師なし学習」「強化学習」があります。

教師あり学習

「教師あり学習」とは、入力と出力の関係を学習する手法です。予測のもととなる「正解データ」と、学習に使用する「学習データ」をセットで学習させることによって、入力されたデータに対して予測を出力する推論モデルを生成します。

「教師あり学習」は、主に「分類」「回帰」の2つに分かれます。

分類

「分類」は、複数の特徴データをもとに、「クラス」（データの種類）を予測するタスクです。予測するクラス数が2クラスの場合、「2クラス分類」と呼ばれています。2クラスより多い分類については、「多クラス分類」と呼ばれています。

例としては、任意の写真を見て、ネコとイヌのどちらであるかを予測するタスクが挙げられます。クラスは「ネコ」と「イヌ」の2つとなる「2クラス分類」になります。

図 1-2-1 分類モデルの例

回帰

「回帰」は、複数の特徴データをもとに、連続値などの「数値」を予測するタスクです。例としては、広告予算の増加による商品の売り上げの増加を予測するタスクが挙げられます。

図 1-2-2 回帰モデルの例

「分類」と「回帰」の違いは、「分類」が「レストランが好きか嫌いか」という属する「クラス」（好き、嫌い）を予測するのに対し、「回帰」は「レストランに月に何回行くか」という「数値」（0回、1回、2回…）を予測する点になります。

教師なし学習

「教師なし学習」とは、データの構造を学習する手法です。学習データのみで学習させることによって、学習データに含まれた潜在的なパターンを見つけ出す推論モデルを生成します。この推論モデルを利用することで、「クラスタリング」によるデータ分析が可能になります。

クラスタリング

「クラスタリング」は、学習データのパターンを見つけ出し、似たパターンを持つ性質の近いデータ同士をまとめる手法です。オンラインショッピングの類似購買者のグルーピングなどがこれにあたります。

図 1-2-3 クラスタリングモデルの例

強化学習

「強化学習」とは、「エージェント」が「環境」の「状態」に応じて、どのように「行動」すれば「報酬」を多くもらえるかを求める手法です。「教師あり学習」や「教師なし学習」と違い、学習データなしに自身の試行錯誤のみで学習するのが特徴です。

強化学習について、詳しくは次節「1-3 強化学習」で解説します。

図 1-2-4 強化学習モデルの例

模倣学習

強化学習の特殊型として、「模倣学習」があります。「模倣学習」は、教師となる人間の一連の行動（「デモ」と呼ぶ）を模倣することでタスクを攻略する学習法です。

「デモ」と同じ行動を採ることで「報酬」がもらえる「強化学習」でありますが、「デモ」という「正解データ」がある「教師あり学習」でもあります。模倣学習について、詳しくは、5章「Atari 環境の攻略」の「5-5 模倣学習による Atrari 環境の学習」で解説します。

1-3 強化学習

主にデータ分析に使われる「教師あり学習」「教師なし学習」とは異なり、与えられた環境のなかで戦略的な行動を採るための分析を行うのが「強化学習」になります。ここでは、強化学習についてより詳しく解説します。

強化学習とは

「強化学習」（Reinforcement learning）は、「エージェント」が「環境」の「状態」に応じてどのように「行動」すれば「報酬」を多くもらえるかを求める手法です。「教師あり学習」や「教師なし学習」と違い、学習データなしに自身の試行錯誤のみで学習するのが特徴になります。

強化学習の用語

はじめに、「無人島に漂着した人」を例に、強化学習の用語について解説します。

エージェントと環境

「強化学習」では、行動する主体を「エージェント」、エージェントがいる世界を「環境」と呼びます。

今回の例では、漂着した人が「エージェント」、無人島が「環境」になります。「エージェント」は、「歩き回る」や「水を飲む」など、「環境」への働きかけを通して、探索しながら生き延びる方法を探します。

行動と状態

エージェントが環境に行う働きかけを「行動」と呼びます。エージェントはさまざまな行動を採ることができますが、どの行動を採るかによって、その後の状況が変わります。

たとえば、「どの方向に歩くか」によって見えるものや、できることは大きく変わります。エージェントの行動によって変化する環境の要素を「状態」と呼びます。

今回の例では、移動や休むなどの人の行動が「行動」、人の現在位置などが「状態」になります。

報酬

同じ「行動」でも、どの「状態」で実行するかによって、結果は大きく変わります。たとえば、同じ「水を飲む」という行動でも、山道で湧き水を飲めば体力が回復しますが、海岸で海水を飲むと脱水症状になります。強化学習では、行動の良さを示す指標として「報酬」を使います。

今回の例では、湧き水を飲むとプラス報酬、海水を飲むとマイナス報酬になります。

▶ 方策

「強化学習」では、現在の「状態」に応じて、次の「行動」を決定します。この次の「行動」を決定するための戦略、具体的には「ある状態である行動を行う確率」を「方策」（ポリシー）と呼びます。「強化学習」の目的は、多くの「報酬」を得られる「方策」を求めることになります。

▶ 即時報酬と遅延報酬

エージェントは、基本的に報酬がたくさんもらえる行動を選べばよいのですが、行動直後に発生する報酬にこだわると、あとで発生するかもしれない大きな報酬を見逃してしまいます。

たとえば、周囲を探索すると体力が消耗するため、休んだほうが報酬は高いですが、探索した結果、食料発見という大きな報酬が発生する可能性もあります。

行動直後に発生する報酬を「即時報酬」、あとで遅れて発生する報酬を「遅延報酬」と呼びます。

▶ 収益と価値

「強化学習」では、即時報酬だけでなく、あとで発生するすべての遅延報酬を含めた報酬和を最大化することが求められます。これを「収益」と呼びます。

「報酬」が環境から与えられるものなのに対し、「収益」は最大化したい目標としてエージェント自身が設定するものになります。そのため、エージェントの考え方によって収益の計算式は変わってきます。たとえば、より遠くの未来の報酬を割引した報酬和である「割引報酬和」は収益の計算によく使われます。

しかし、「収益」はまだ発生していない未来の出来事のため不確定です。そこで、エージェントの「状態」と「方策」を固定した場合の条件付き「収益」を計算します。これを「価値」と呼びます。この「価値」が大きくなる条件を探し出せれば、学習できていることになります。

「価値の最大化」が、「収益の最大化」に繋がり、さらには「多くの報酬をもらえる方策」という強化学習の目的に繋がります。

図 1-3-1 強化学習の目的

用語がたくさん出てきたので、以下にまとめておきます。

表 1-3-1 強化学習の用語

用語	説明	無人島に漂着した人の例
エージェント	環境に対して行動を起こす主体	漂着した人
環境	エージェントがいる世界	無人島
行動	エージェントがある状態において採ることができる行動	移動や休むなどの人の行動
状態	エージェントの行動に応じて更新される環境が保持する状態	人の現在位置などの状態
報酬	エージェントの行動に対する環境からの評価	生存確率の上昇に即した評価
方策	エージェントが行動を決定する原理	人の戦略
即時報酬	行動直後に発生する報酬	休むと体力回復
遅延報酬	遅れて発生する報酬	探索により食料発見
収益	即時報酬だけでなく、あとに得られるすべての遅延報酬を含めた報酬和	ー
価値	エージェントの状態と方策を固定した場合の条件付きの収益	ー

強化学習サイクル

強化学習サイクルの流れは、次のとおりです。

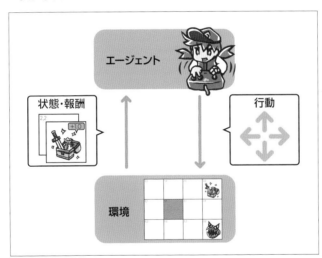

図 1-3-2 強化学習サイクル

01 エージェントは、最初は何をすべきか判断できないため、採れる「行動」の中からランダムに決定する

02 エージェントは「報酬」がもらえた時に、どのような「状態」でどのような「行動」をしたら、どの程度「報酬」がもらえたかという経験を記憶する

03 経験に応じて「方策」を求める

04 ランダムな動きは残しつつ、「方策」を手がかりに「行動」を決定する

05 ②～④を繰り返して、将来的（ゲーム終了時まで）に多くの報酬を得られる「方策」を求める

この強化学習サイクルは、「マルコフ決定過程」と呼ばれます。「マルコフ決定過程」は、「次の状態」が現在の「状態」と「行動」によって確定するシステムを意味します。「次の状態」が、現在の「状態」と「行動」によって計算できるかどうかが、「強化学習」を適用できるかどうかの判断基準になります。

エピソードとステップ

強化学習サイクルの単位として「エピソード」と「ステップ」があります。

エピソード

強化学習の訓練1回分のことを「1エピソード」と呼びます。本書が題材とするレトロゲームなどでは、ゲーム開始からゲームオーバーまでが「1エピソード」です。強化学習で最大化を目標とする将来的にもらえる報酬は、1エピソードで獲得できる収益になります。

ステップ

強化学習サイクル1周分（状態取得→行動決定→行動実行→報酬取得）を「1ステップ」と呼びます。レトロゲームなどでは、1フレームにつき1ステップ実行されます。

探索と活用

宝箱と罠が存在する、以下のような迷路を想像してください。

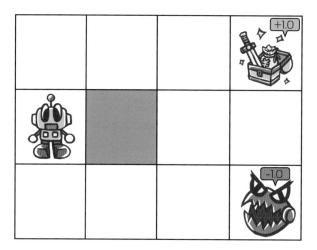

図 1-3-3 迷路の例

「エージェント」は最初は何をすべきかを判断できないため、用意した「行動」（上・下・左・右）の中からランダムに決定します。そのため、「宝箱」（報酬「+1.0」）と「罠」（報酬「-1.0」）

が近くにある場合、先に「罠」にハマってしまうと、その近くには怖がって近づかなくなり、「宝箱」が見つけにくくなってしまう場合があります。

このように、「悪い行動」と思っていたものが実は「良い行動」の近くである場合や、その逆の場合があります。

この問題を解決するには、「学習率」の調整が必要になります。「学習率」は、「今回の行動評価」を「過去の行動評価」と比べてどの程度信じるかという割合になります。

行動評価＝（1－学習率）×過去の行動評価＋学習率×今回の行動評価

　　　　過去の評価を信じる割合　　　　　　今回の評価を信じる割合

図 1-3-4 学習率により行動を決定する

「学習率」が高い（今回の行動評価を重視）時は、さまざまなパターンの「行動」を試すようになります。これを「探索」と呼びます。一度右に行って宝箱を見つけたとしても、次は左にも行ってみようと思います。これにより行動評価の平均値は下がりますが、より高い報酬を見つけられる可能性がでてきます。

「学習率」が低い（過去の行動評価を重視）時は、学習済みの評価を利用して、できるだけ多くの報酬を集めようとします。これを「活用」と呼びます。一度右に行って宝箱を見つけたことがあったら、次も右に行ってみようと思います。これにより行動評価の平均値は上がりますが、より高い報酬を見つけられる可能性は低くなります。

「学習率」は、基本的に学習を進めるにつれて下げていきます。覚え始めはいろいろ挑戦し、経験を積んだらこれまでの評価を信用して、できるだけ多くの報酬を集めるという流れになります。

1-4 開発環境と開発フレームワーク

この章の最後に、本書で使用する開発環境と開発フレームワークの概要をまとめておきます。実際の開発環境の構築は、次の2章「開発環境の準備」で行います。

Python と機械学習ライブラリ

本書で利用するプログラミング言語は、「Python 3.6」です。

「Python」は、コードがシンプルで扱いやすく、少ないコード数で書けるといった特徴があります。さらには、非常に多くの機械学習向けのライブラリが存在するため、機械学習のプログラミング言語のデファクトスタンダードになっています。

「Keras」「TensorFlow」「PyTorch」といった深層学習のライブラリの多くも、「Python」で利用できます。

表 1-4-1 深層学習のライブラリの特徴

ライブラリ	説明
TensorFlow	Googleが実際にプロダクトを作成する際に利用している、最も世界一利用者の多いライブラリ。テンソル計算を行うためのライブラリとして生まれる。最も細かい調整ができる深層学習ライブラリと言える
Keras	深層学習をより簡単に利用するための最も初心者に優しいライブラリ。「Theano」や「TensorFlow」のようなテンソルを高速計算するライブラリのラッパーとして生まれる。最近ではTensorFlowのパッケージの一部として組み込まれている
PyTorch	Facebookによる深層学習ライブラリ。Define by Runという方式を採っており、ネットワークの記述と学習を同時にできる

本書で利用する開発フレームワーク（Stable Baselines）は、内部的に「TensorFlow」を使っています。

開発環境

本書で利用する Python の開発環境は、「Anaconda」と「Google Colab」の2つです。

Anaconda

「Anaconda」は、Python 本体とよく利用されるライブラリをセットにしたパッケージで、手軽に Python 環境を構築できます。クラウドで利用することも可能ですが、本書ではローカルマシンで Python 環境を使うために、「Anaconda」を使います。

詳しくは、次章「2-1 Anaconda の準備」で解説します。

Google Colab

「Google Colab」は、Googleが提供しているブラウザ上で動作するPython環境です。無料で高性能なGPUが使えるのでモデルの学習に最適ですが、ゲーム画面を表示することはできないので、動作確認はローカルマシンで行います。正式名称は「Google Colaboratory」ですが、長いので本書では略称の「Google Colab」で統一します。

詳しくは、次章「2-2 Google Colabの準備」で解説します。

本書では、「クラウド学習」に高性能なGPUが使える「Google Colab」を使い、それ以外のゲーム画面の表示が必要なものは「Anaconda」を利用します。

表1-4-2 Anaconda と Google Colab の特徴

開発環境	特徴	本書での利用箇所
Anaconda	・ローカルマシン上で動作 ・ゲーム画面を表示可	「クラウド学習」以外
Google Colab	・ブラウザ上で動作 ・ゲーム画面は表示不可 ・無料で高速なGPUが利用可能	「2-3 Pythonの文法」 「5-4 クラウド学習」 「7-2 強化学習によるソニック環境の攻略」内のクラウド学習

開発フレームワーク

本書で利用するPythonの開発フレームワークは、「OpenAI Gym」と「OpenAI Baselines」「Stable Baselines」と「Gym Retro」です。

OpenAI Gym

「OpenAI Gym」は、「OpenAI」が提供している強化学習用のツールキットです。このツールキットには、強化学習のエージェントと環境間の共通インタフェースを提供しているほか、タスク学習に利用できるさまざまな「環境」も用意されています。

「OpenAI Gym」の最小インストールでは「Algorithmic」「Classic control」「Toy Text」の3つの環境が含まれます。ほかの環境は、追加でインストールして使用します。

詳しくは、3章「OpenAI Gym」で解説します。

OpenAI Baselines と Stable Baselines

「OpenAI Baselines」は、OpenAIが提供する「強化学習アルゴリズム」の実装セットです。そして「Stable Baselines」は、「OpenAI Baselines」の改良版になります。「SAC」「TD3」のような強化学習アルゴリズムが追加されたり、「Stable Baselines Zoo」と呼ばれる学習済みモデルのコレクションも提供されています。

詳しくは、4章「Stable Baselines」で解説します。

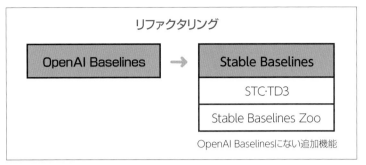

図 1-4-1 OpenAI Baselines と Stable Baselines の関係

Gym Retro

「Gym Retro」は、メガドライブやスーパーファミコン、ゲームボーイなどのレトロゲームを「OpenAI Gym」の環境として利用するためのライブラリです。

図 1-4-2 の「Atari」「Box2D」「MuJoCo」「Robotics」は、最小インストールには含まれませんが「OpenAI Gym」リポジトリに含まれる環境です。「Gym Retro」は OpenAI から提供されますが「OpenAI Gym」リポジトリとは別リポジトリの環境になります。

詳しくは、6 章「Gym Retro」で解説します。

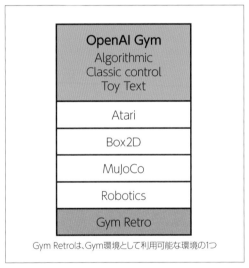

Gym Retroは、Gym環境として利用可能な環境の1つ

図 1-4-2 OpenAI Gym と Gym Retro の関係

GitHub とリポジトリ

　「Git」はプログラムのバージョン管理を行うアプリケーション、「GitHub」は「Git」を利用したプログラムのバージョン管理を行うウェブサービスになります。

　「GitHub」では数多くのオープンソースが公開されており、「OpenAI Gym」「Stable Baselines」「Gym Retro」もここで公開されています。

GitHub の公式サイト
https://github.co.jp/

Git for windows のダウンロードサイト
https://gitforwindows.org/

　「リポジトリ」は、任意のプロジェクトのソースコードの保存場所の意味で、「GitHub」ではプロジェクトをこのリポジトリ単位で管理しています。「リポジトリ」のソースコード一式をローカルマシンにコピーすることを「クローン」と呼びます。

OpenAI とは

　「OpenAI Gym」「OpenAI Baselines」「Gym Retro」はいずれも、「OpenAI」から提供されている開発フレームワークです。

　「OpenAI」は、人工知能を研究する非営利団体で、2015 年 12 月に設立されました。人類全体に有益性があるやり方で、オープンソースと親和性の高い人工知能を、注意深く推進することを目的として掲げています。イーロン・マスク氏をはじめとする有力な実業家・投資家が参加していることからも注目を集めています。

OpenAI
https://www.openai.com/

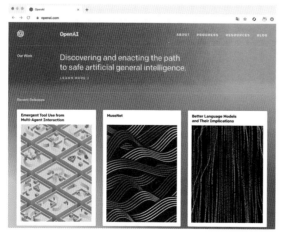

図 OpenAI の Web サイト

2 Python の開発環境の準備

　前章で、本書で使用する開発環境の概要について紹介しましたが、この章では実際に開発環境をダウンロードして、インストールと環境設定などを行っていきます。なお、開発フレームワークの導入については、以降の章でそれぞれ解説していきます。

　この章では、「Anaconda」と「Google Colab」の2つのPythonの開発環境をセットアップします。これは、効率のよいクラウド学習を行うために「Google Colab」を、以降の章で取り上げるゲームをローカルPCで実行するために「Anaconda」を利用するためです。ともに、無償で使える開発環境になります。

　また、この章の最後には、Python の文法をコンパクトにまとめてあります。すでに知っている方は読み飛ばしていただき、ほかのプログラミング言語は知っているが Python に詳しくない方はざっと目を通して、次章に進んでください。なお、Python の初心者の方は、必要に応じてほかの Python の入門書や Web サイトなどを参照するとよいでしょう。

▶ この章の目的

● 本書で使用する Python 開発環境の「Anaconda」と「Google Colab」をインストールして、環境設定を行う
● 各開発環境で、簡単なサンプルを使って動作確認を行う
● 本書のプログラミングに使用する Python の文法を確認しておく

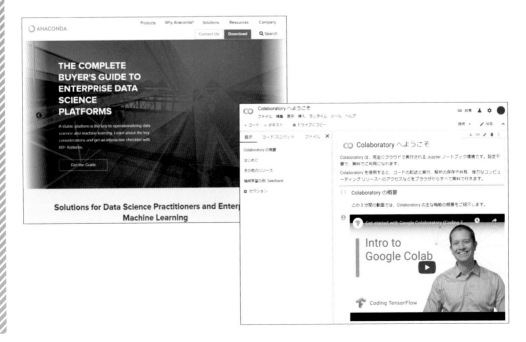

2-1　Anaconda の準備

「Anaconda」は、Python本体とよく利用されるライブラリをセットにしたパッケージで、手軽にPython環境を構築できます。クラウドで利用することも可能ですが、本書ではローカルマシンでPython環境を使うために、「Anaconda」を使います。

Anaconda のインストール

Anacondaのインストールは、以下の手順で行ってください。

(01) Anaconda のダウンロードサイトで対応プラットフォームの「Python 3.X version」を選択し、インストーラをダウンロード

「Anaconda Python 3.7 version」は「Python 3.6」も利用可能です。本書では開発フレームワークの動作実績を考慮して、「Python 3.6」を利用しています。

| Anaconda Python/R Distribution － Free Download
https://www.anaconda.com/distribution/

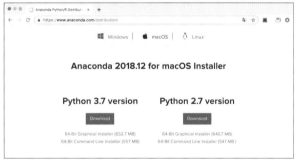

図 2-1-1 Anaconda のダウンロード

(02) インストーラを実行し、インストーラの指示に従ってインストール

「macOS」と「Windows」はインストーラをダブルクリックで実行します。「Ubuntu (Linux)」は、ダウンロードした「.sh」ファイルをターミナルで実行します。

(03) ターミナルを起動して、以下のコマンドで Anaconda がインストールされていることを確認

「macOS」「Ubuntu (Linux)」は「ターミナル」（端末）、「Windows」では、スタートメニューの「Anaconda (64-bit)」から起動してください。Anacondaのバージョン番号が表示されます。

```
$ conda --version
conda 4.6.11
```

macOS への Aanconda のインストールの注意点

「macOS」では、Anaconda はインストール時に bash にパスを通しますが、最新版の「macOS Catalina」ではデフォルトが zsh に変更されたため、パスが通らないことがあります。ターミナルの環境設定を開き、シェルで「/bin/bash」を選択するようにしてください。

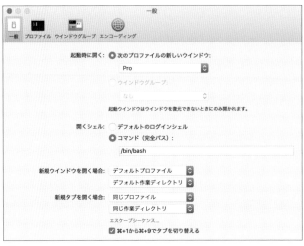

図 コンソールの環境設定で bash を選択

Windows への Aanconda のインストールの注意点

「Windows」では、Anaconda をパスに追加することは推奨されていません。パスを追加することで、過去のソフトウェアの前に Anaconda が検出されますが、Anaconda をアンインストールして再インストールする必要があるなどの問題が発生する場合があります。

仮想環境の作成

インストールが完了したら「仮想環境」を作成します。「仮想環境」は、Python やライブラリのバージョンを用途別に切り替えて利用するための環境になります。

01 以下のコマンドで仮想環境の作成

名前に「openai_gym」、Python のバージョンに「3.6」を指定しています。

```
$ conda create -n openai_gym python=3.6 anaconda
```

02 以下のコマンドで仮想環境の切り替え

```
$ conda activate openai_gym
```

 03 コマンドプロンプトの左側に「(openai_gym)」のように仮想環境名が表示されていることを確認

Python 関係のコマンド（python と pip）を使う場合は、すべてこの仮想環境内で行ってください。それ以外のコマンドは、通常のターミナルと仮想環境のどちらで入力しても、問題ありません。

```
● ● ○              ⋔ furukawahidekazu — -bash — 80×24
Last login: Wed Nov 13 14:30:17 on ttys004
(base) npaka-mac-3:~ furukawahidekazu$ conda activate openai_gym
(openai_gym) npaka-mac-3:~ furukawahidekazu$
```

図 2-1-2 Python 実行用の仮想環境の作成

04 以下のコマンドで Python のバージョンを確認

```
$ python --version
Python 3.6.7
```

Anaconda の主なコマンドをまとめると、次のとおりです。

表 2-1-1 Anaconda の主なコマンド

操作	コマンド
仮想環境の作成	conda create -n <仮想環境名> python=3.6 anaconda
仮想環境の有効化	conda activate <仮想環境名>
仮想環境の解除	conda deactivate
仮想環境の一覧	conda info -e
仮想環境の削除	conda remove -n <仮想環境名> --all
仮想環境のコピー	conda create --name <仮想環境名> --clone <コピー元の仮想環境名>

Python パッケージのインストール

Python パッケージをインストールするには、「pip」を使います。バージョンは省略すると最新版がインストールされます。

書式　`$ pip install <Pythonパッケージ名>==<バージョン>`

TensorFlow のバージョン 1.14.0 をインストールするには、以下のコマンドを入力します。

```
$ pip install tensorflow==1.14.0
```

仮想環境にインストールされている Python パッケージの一覧は、「pip list」で確認できます。

```
$ pip list
Package              Version   Location
```

```
-------------------- --------- ------------------
absl-py              0.8.1
altgraph             0.16.1
        （省略）
six                  1.12.0
tensorboard          1.14.0
tensorflow           1.14.0
tensorflow-estimator 1.14.0
termcolor            1.1.0
websocket-client     0.56.0
Werkzeug             0.16.0
wheel                0.33.6
wrapt                1.11.2
zerorpc              0.6.3
```

パッケージを削除したい時は、以下のコマンドを入力します。

書式 `$ pip uninstall <Pythonパッケージ名>`

pip での主なコマンドをまとめると、次のとおりです。

表 2-1-2 pip の主なコマンド

操作	コマンド
Pythonパッケージのインストール	`pip install <Pythonパッケージ名>==<バージョン>`
Pythonパッケージの一覧	`pip list`
Pythonパッケージのアンインストール	`pip uninstall <Pythonパッケージ名>`

エディタの準備

Python のスクリプトを編集するエディタを用意します。Python でよく使われるエディタとしては、「Visual Studio Code」「Atom」「Vim」があります。これらのエディタには、Python のコード入力をサポートする機能が付いています。もちろん、ほかのエディタを使っても構いません。

◎ Visual Studio Code

Url：https://code.visualstudio.com/
費用：無償
開発者：Microsoft
Platforms：Windows、macOS、Linux

◎ Atom

Url：https://atom.io/
費用：無償
開発者：GitHub
プラットフォーム：Windows、macOS、Linux

◎ Vim

Url：http://www.vim.org/
費用：無償
開発者：Bram Moolenaar
プラットフォーム：Windows、macOS、Linux

Python コードの記述と実行

エディタを使って Python コードを記述し、実行するまでの手順は、次のとおりです。

01 エディタを起動し、メニュー「ファイル→新規ファイル」などで、新規の「Python
ファイル」を準備

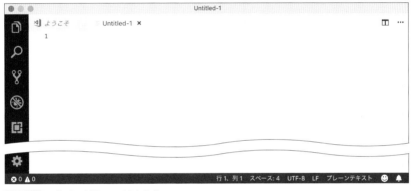

図 2-1-3 エディタで新規ファイルを作成

02 エディタに、以下の Python コードを記述

「Hello World」という文字列を表示するコードになります。

```
print('Hello World!')
```

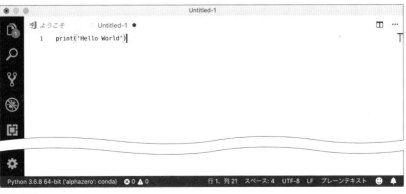

図 2-1-4 Python のコードを入力

03 メニュー「ファイル→名前を付けて保存」などで、「hello.py」という名前で保存

「Python ファイル」の拡張子は、「py」にしてください。

図 2-1-5 作成したファイルを保存

04 仮想環境のターミナル（コマンドプロンプト）から、cd コマンドで「hello.py」が存在するフォルダに移動し、Python コマンド使って Python コードを実行

Python コマンドの書式は、次のとおりです。

書式　$ python <Pythonスクリプト名>

今回は「hello.py」を実行するので、次のように入力します。

```
$ python hello.py
Hello World!
```

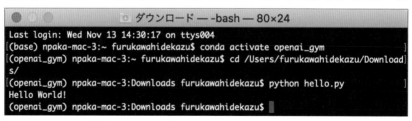

図 2-1-6 Python の仮想環境で、フォルダを移動しスクリプトを実行

GPU 版の TensorFlow のインストール

　GPU 版の TensorFlow をインストールするには、以下が必要になります。GPU 版の TensorFlow を使うことで、機械学習のパフォーマンスを上げることができます。

- NVIDIA の GPU を持つパソコンの用意
- NVIDIA ドライバと CUDA と cuDNN のインストール
- tensorflow-gpu のインストール

◎ NVIDIA の GPU を持つパソコンの用意

NVIDIA の GPU（GeForce）が必須になります。最近の Mac では NVIDIA の GPU は使えないので、Windows か Ubuntu（Linux）を用意する必要があります。

◎ NVIDIA ドライバと CUDA と cuDNN

「NVIDIA ドライバ」は NVIDIA のグラフィックスボードを動かすためのドライバ、「CUDA」は NVIDIA が提供している GPU 向けの統合開発環境、「cuDNN」は NVIDIA が提供している深層学習用のライブラリになります。

詳しくは、CUDA クイックスタートガイドを参照してください。

CUDA Quick Start Guide
https://docs.nvidia.com/cuda/cuda-quick-start-guide/index.html

◎ tensorflow-gpu

「tensorflow」ではなく「tensorflow-gpu」を使います。GPU 版の TensorFlow 1.14.0 をインストールする場合は、次のようにします。

```
$ pip uninstall tensorflow
$ pip install tensorflow-gpu==1.14.0
```

「tensorflow-gpu」と CUDA と cuDNN のバージョンを対応するもので揃える必要があります。以下の Web サイトで、それぞれのプラットフォームの「Tested build configurations」の項目を確認してください。

Build from source | TensorFlow
https://www.tensorflow.org/install/source#common_installation_problems

Version	Python version	Compiler	Build tools	cuDNN	CUDA
tensorflow_gpu-1.13.1	2.7, 3.3-3.6	GCC 4.8	Bazel 0.19.2	7.4	10.0
tensorflow_gpu-1.12.0	2.7, 3.3-3.6	GCC 4.8	Bazel 0.15.0	7	9
tensorflow_gpu-1.11.0	2.7, 3.3-3.6	GCC 4.8	Bazel 0.15.0	7	9
tensorflow_gpu-1.10.0	2.7, 3.3-3.6	GCC 4.8	Bazel 0.15.0	7	9
tensorflow_gpu-1.0.0	2.7, 3.3-3.6	GCC 4.8	Bazel 0.11.0	7	9
tensorflow_gpu-1.3.0	2.7, 3.3-3.6	GCC 4.8	Bazel 0.4.5	6	8
tensorflow_gpu-1.2.0	2.7, 3.3-3.6	GCC 4.8	Bazel 0.4.5	5.1	8
tensorflow_gpu-1.1.0	2.7, 3.3-3.6	GCC 4.8	Bazel 0.4.2	5.1	8
tensorflow_gpu-1.0.0	2.7, 3.3-3.6	GCC 4.8	Bazel 0.4.2	5.1	8

図 GPU 対応 TensorFlow、CUDA、cuDNN の対応バージョン（Linux の例）

2-2 Google Colab の準備

「Google Colab」は、Google が提供しているブラウザ上で動作する Python 環境です。無料で高性能な GPU が使えるのでモデルの学習に最適ですが、ゲーム画面を表示することができないので、動作確認はローカルマシンで行います。

Google Colab の特徴

「Google Colab」の特徴は、次のとおりです。

(1) 環境構築の必要がない

「Google Colab」では、機械学習でよく使うパッケージはインストール済みのため、すぐに使いはじめることができます。

(2) Jupyter Notebook のような操作性

「Jupyter Notebook」は、プログラムの実行結果を記録しながら、データ分析を行う人気の Python 環境です。プログラム群とその記録を、「ノートブック」（*.ipynb）と呼ばれるファイル単位で管理します。「Google Colab」は、この「Jupyter Notebook」をベースに作られているため、互換性があり、操作性もほぼ同じになります。

(3) GPU と TPU が使える

機械学習の学習を行う際は、「GPU」「TPU」を使うことで、学習時間を大幅に短縮することができます。「GPU」はリアルタイム画像処理に特化した演算装置、「TPU」は Google が開発した機械学習に特化した集積回路になります。

本書で利用する強化学習フレームワークは「TPU」に対応していないため、主に「GPU」を利用します。

「Google Colab」の「ノートブック」は、Google のオンラインストレージサービス「Google Drive」で作成します。

作成した「ノートブック」を開くと、「Google Colab」の「インスタンス」が起動します。「インスタンス」はクラウド上の仮想サーバーのことです。Python スクリプトの実行を命令すると、「インスタンス」上で実行され、「ノートブック」上にその結果が出力されます。

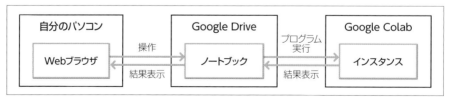

図 2-2-1 ノートブックとインスタンスの関係

本書では、Google の Web ブラウザ「Google Chrome」を使って「Google Colab」の動作確認をしています。

Google Chrome
https://www.google.co.jp/chrome/

Google Colab をはじめる

　Google Colab をはじめるまでの手順を説明します。

(01) 「Google Drive」のサイトを開き、「Google ドライブにアクセス」ボタンを押す

Google Drive
https://www.google.com/intl/ja_ALL/drive/

図 **2-2-2** Google Drive にアクセス

(02) Google アカウントが求められるのでログイン

　「Google アカウント」を持っていない人は、作成してください。

(03) 左上の「新規ボタン」を押してフォルダを選択し、フォルダ名を入力して新規フォルダを作成する

　今回は、「sample」という名前のフォルダを作成しました。

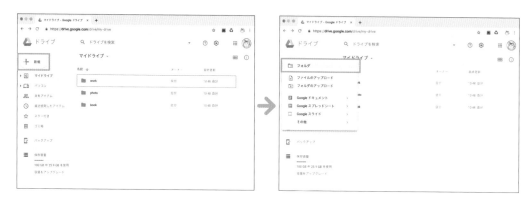

図 2-2-3 Google Drive にフォルダを作成

(04) 新規作成したフォルダ名を右クリックし、「アプリで開く→アプリを追加」を選択

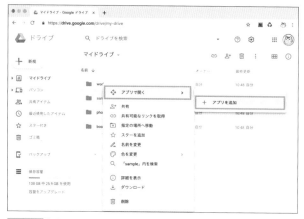

図 2-2-4 作成したフォルダに、アプリを追加

(05) 「アプリを検索」に「colaboratory」と入力して「Google Colab」のアプリを検索し、「接続」ボタンを押す

これによって、フォルダと「Google Colab」の連携ができました。

図 2-2-5 フォルダに連携するアプリとして「Google Colab」を指定

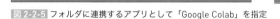

06 新規作成したフォルダ内で「右クリック」し、「その他→ Colaboratory」で「Google Colab」の新規ファイルを作成

これによって、「Untitled0.ipynb」という「ノートブック」が作成できました。ダブルクリックで「Google Colab」が起動し、ノートブックが開きます。

図 2-2-6 作成したフォルダ内に新規の「ノートブック」を作成

Google Colab のメニューとツールバー

「Google Colab」のメニューとツールバーの機能は、次のとおりです。

図 2-2-7 「Google Colab」のメニューとツールバー

表 2-2-1 「Google Colab」のメニューの機能

メニュー	説明
ファイル	Google Driveでのノートブックの新規作成と保存、自分のパソコンへのダウンロードなどを行う
編集	セルのコピー&ペーストと削除、文字列の検索などを行う。「ノートブックの設定」でPythonのバージョンとGPU・TPUの利用の設定や、「出力をすべて消去」でノートブックの出力の消去も行える
表示	ノートブック情報の表示などを行う
挿入	コードやテキストのセルの挿入などを行う
ランタイム	コードの実行とインスタンスのリセットを行う。「セッション管理」で現在インスタンスに接続中のノートブックを確認できる
ツール	インデント幅や行番号などの設定を行う
ヘルプ	よくある質問の表示などを行う

表 2-2-2 「Google Colab」のツールバーの機能

ツールバー	説明
+コード	コードのセルを追加
+テキスト	テキストのセルを追加
↑セル	セルを上に移動
↓セル	セルを下に移動

メニューの上には「ファイル名」の表示、メニューの右には「コメント」「共有」のボタンもあります。

表 2-2-3 ファイル名とコメント・共有ボタンの機能

ボタン	説明
ファイル名	「ファイル名」はクリックすることで名前変更ができる
コメント	ノートブックにコメントを追加
共有	ノートブックを別ユーザーと共有することができる

ツールバーの右には、「RAMとディスク」または「インスタンスとの接続状態」が表示されます。

「RAM」はメモリの使用量、「ディスク」はストレージの使用量になります。接続状態には、「初期化中」「割り当て中」「接続中」「再起動中」などがあります。

図 2-2-8
RAMとディスクの使用量の表示

図 2-2-9
接続状態のステータス表示

コードの実行

「Google Colab」は、セル単位でコーディングを行います。セルには「コード」と「テキスト」の２種類があります。ノートブックの初期状態では、「コード」のセルが１つ追加された状態になっています。

01 空のセルにコードを記述

空のセルに、以下のコードを記述してください。'Hello World' という文字列を表示するコードになります。

```
print('Hello World')
```

02 セルを選択した状態で、「Ctrl+Enter」（またはメニュー「ランタイム→現在のセルを実行」）でコードを実行

セルが実行され、出力結果が表示されます。

図 2-2-10 入力したコードの実行

セルの左端のアイコンで、コードの実行状態を確認することができます。

表 2-2-4 セル左端のアイコンに表示されるセルの実行状態

コードの実行状態	説明
▶	未実行
◉	実行待ち
◉	実行中

コードの停止

セルの左端が ◉ となっている時は、コード実行中です。実行中のコードは、ブラウザを閉じても終了しません。停止させるには、メニュー「ランタイム→実行の中断」を選択します。

また、メニュー「ランタイム→セッションの管理」で、現在インスタンスに接続中のノートブックを確認できます。この画面で「終了」を押すことでも、実行中のコードを停止することができます。

図 2-2-11 「セッションの管理」画面例

テキストの表示

　ノートブックには、説明文などの「テキスト」を追加することもできます。「テキスト」のセルには「Markdown 記法」を利用した文章を記述できます。「Markdown 記法」は、文書を記述するための軽量マークアップ言語の 1 つです。

　Markdown 記法の主な書式は、次のとおりです。

表 2-2-5 Markdown 記法の主な書式

Markdown 記法	説明
見出し	#、##、###
斜体	*ABCDEFG*
強調	**ABCDEFG**
箇条書き	「*」「+」「-」「数字.」(記号の直後にスペースかタブ)
HTMLタグ	直接タグを書く(一部制限あり)

01 ツールバー「＋テキスト」ボタンで「テキスト」のセルを追加

02 追加したセルに Markdown 記法の文章を記述

　セルの左側に Markdown 記法の文章を入力してみてください。右側に結果が表示されます。

```
## タイトル
<br>
<img src="https://openai.com/content/images/2019/05/openai-twitter@2x.
png" width=100>
```

図 2-2-12 Markdown 記法の文章の入力

(03) ほかのセルを選択するなどして、「テキスト」のセルの選択を解除すると、Markdown 記法の表示結果のみが表示される

ノートブックの保存

ノートブックを「Google Drive」に保存するには、メニュー「ファイル→保存」を選択します。

すべてのランタイムをリセット

インスタンスのリセットを行うには、メニュー「ランタイム→すべてのランタイムをリセット」を選択します。初期状態から実行し直したい場合や、長時間の学習を行う前などに利用します。

自分でリセットする場合も、インスタンスのデータは保存されないので、必要なデータは退避してからリセットしてください。

GPU の利用

「GPU」を利用するには、メニュー「編集→ノートブックの設定」で設定画面を開き、ハードウェアアクセラレータで「GPU」を選択し、「保存」を押してください。

「GPU」の設定を変更すると、インスタンスはリセットされます。

図 2-2-13 GPU の利用を設定

ローカルマシンからのファイルのアップロードとダウンロード

ローカルマシンと「Google Colab」でのファイルのやりとりの方法は、次のとおりです。

ローカルマシンからのファイルのアップロード

ローカルマシンから「Google Colab」のインスタンスにファイルをアップロードするには、セルで次のコードを実行します。

```
from google.colab import files
uploaded = files.upload()
```

以下のような「ファイル選択」ボタンが表示されたら押して、アップロードしたいファイル（test.txt）を選択します。

図 2-2-14 ファイルのアップロード

ローカルマシンへのファイルのダウンロード

「Google Colab」のインスタンスにあるファイル（test.txt）をローカルマシンにダウンロードするには、次のコードを実行します。

```
from google.colab import files
files.download('test.txt')
```

Google Colab のインスタンスに存在するファイルの確認

「Google Colab」のインスタンスに存在するファイルを確認するには、次のコマンドを実行します。「test.txt」がアップロードされていることを確認できます。なお「sample_data」は、デフォルトで入っているサンプルデータになります。

```
!ls
sample_data  test.txt
```

図 2-2-15 Google Colab のインスタンスに存在するファイルの確認

「Google Colab」では行頭に「!」を付けることで、Linux コマンドを実行できます。
よく使う Linux コマンドは、次のとおりです。「cd」コマンドだけ特別に「%cd」と「%」を付けてください。

表 2-2-6 よく使う Linux コマンド

コマンド	説明
`!ls`	現在のパスにあるフォルダとファイルの確認
`!pwd`	現在のパスの確認
`%cd <パス>`	パスへの移動
`%cd ..`	1つ上のパスに移動
`!cp <コピー元ファイル名> <コピー先ファイル名>`	ファイルのコピー
`!rm <ファイル名>`	ファイルの削除
`!rm -rf <フォルダ名>`	フォルダの削除
`!zip -r xxxx.zip <フォルダ名>`	zip圧縮
`!unzip xxxx.zip`	zip解凍

Google Drive からのファイルのアップロードとダウンロード

　前述の方法でもファイルのアップロードとダウンロードは可能ですが、ファイルサイズが大きくなるとうまく動作しなくなります。その場合は、「Google Drive」からのファイルのアップロードとダウンロードを使います。

Google Drive のマウント

　「マウント」とは、ディスクドライブを認識し、利用可能な状態にすることです。これを行うことによって、「Google Colab」のインスタンスと「Google Drive」の間で、cp コマンドでファイルのコピーが可能になります。
　「Google Drive」のマウントを行うコードは、次のとおりです。

```
from google.colab import drive
drive.mount('/content/drive')
```

　マウント時に認証を求められるので、青いリンクをクリックし、Google アカウントでログインし、表示されたパスをコピーして、テキストボックスに入力してください。

図 2-2-16 Google Drive のマウント時には認証が必要

Google Drive からのファイルのアップロード

　「Google Drive」のマイドライブのファイル（test.txt）をアップロードするコマンドは、次のとおりです。パスに空白があるので「My\ Drive」のようにエスケープ文字「\」（Windows では「¥」）を入れています。

```
!cp /content/drive/My\ Drive/test.txt .
```

Google Drive へのファイルのダウンロード

ファイル（test.txt）を「Google Drive」のマイドライブにダウンロードするコマンドは、次のとおりです。

```
!cp test.txt /content/drive/My\ Drive/test.txt
```

Google Colab の制限

「Google Colab」には、次のような制限があります。

- ストレージ：GPU なし、もしくは TPU ありは 40GB、GPU ありは 360GB
- メインメモリ：13GB RAM
- GPU メモリ：12GB
- 1 ノートブックのサイズ：最大 20MB
- 何も操作せずに 90 分経つとリセット（90 分ルール）
- インスタンスが起動してから 12 時間経つとリセット（12 時間ルール）

特に重要なのが「90 分ルール」と「12 時間ルール」です。

この条件を満たす場合、実行中のプログラムがあってもインスタンスはリセットします。リセットされると、実行中のプログラムが中断され、追加インストールしたパッケージや、インスタンス内に保存したデータが消えてしまいます。ただし、「Google Drive」に存在するノートブックは消えません。

「90 分ルール」の対策

90 分ルールの対策としては、90 分経つ前に、ブラウザの再読込みボタンを押して、ノートブックを更新する方法が挙げられます。「Google Colab」では、ブラウザの再読込みを行っても、実行中のプログラムは中断されません。

なお、176 ページの 5 章のコラム「Google Colab の 90 分問題の対策」で、回避方法の一例を解説しています。

「12 時間ルール」の対策

12 時間ルールの対策としては、12 時間経つ前に、インスタンス内に保存したデータを自分のパソコンや「Google Drive」に退避させる方法が挙げられます。

インスタンスのリセット後に退避させたデータを読み込むことで、学習を再開させることができます。

COLUMN

ホスト型ランタイムとローカルランタイム

「Google Colab」には、「ホスト型ランタイム」と「ローカルランタイム」の2つの接続方法があります。「ホスト型ランタイム」は、本文で解説した「Google Colab」の「インスタンス」に接続する通常の方法になります。

これに対して「ローカルランタイム」は、Google Drive にある「Google Colab」のノートブックから、自前のサーバーまたは有料のクラウドサービス（「Google Cloud Platform」など）にある「Jupyter Notebook」を起動し、そこに接続して利用する方法になります。これを利用することで、「90分ルール」や「12時間ルール」などの制限はなくなります。

図 「ローカルランタイム」の場合のノートブックと「Jupyter Notebook」の関係

「Google Colab」のノートブックのツールバーの接続状態の「▼」メニューから、接続先を切り替えることができます。

図 「ホスト型ランタイム」と「ローカルランタイム」の接続先の切り替えメニュー

詳しくは、以下のサイトを参照してください。

Colaboratory － Google　ローカルランタイム
https://research.google.com/colaboratory/local-runtimes.html?hl=ja

2-3 Python の文法

この節では、「Python」の基本文法について整理しておきます。本書では、Python のバージョン「3.6」を利用します。

Python のプログラミングに精通している方は、読み飛ばして構いません。また、Python の初心者の方は、必要に応じてほかの Python の入門書や Web サイトなどを参照してください。

コード例を掲載しているので、「Anaconda」で新しい Python ファイルを作成して試す、もしくは「Google Colab」で新しいノートブックを作成して試すことができます。また、リストの左上に付いているのは、本書のダウンロード用のサンプルのファイル名です。

文字列の表示

はじめに、「Hello World」という文字列を表示します。文字列の表示は print() を使い、文字列はシングルクォート「'」またはダブルクォート「"」で囲みます。「#」は、その行の「#」から右側をコメントとします。

`1_print.py`

```python
# 「Hello World」の表示
print('Hello World')
Hello World
```

変数と演算子

変数

「変数」には、任意の値を代入することができます。整数を代入して足し算を行うには、次のように記述します。「,」区切りで print() の引数を複数指定すると、改行なしで連続して変数の値を表示できます。

`2_1_variable.py`

```python
a = 1
b = 2
c = a + b
print(a, b, c)
1 2 3
```

数値型

Python の数値型には、「int」「float」「bool」「complex」の 4 種類があります。Python では、「整数」の値の最大最小の制限はなく、「浮動小数点数」は倍精度のみにな

ります。「論理値」は True または False のどちらかを持つ値になります。「複素数」は実数と虚数を組み合わせたものです。

表 2-3-1 Python の数値型

数値型	説明	使用例
int	整数	num = 12 # 10進数 num = 0o14 # 8進数 num = 0xc # 16進数 num = 0b1100 # 2進数

float	浮動小数点数	num = 1.2
		num = 1.2e3 # 指数表記(1.2×10^3)
		num = 1.2e-3 # 指数表記(1.2×10^{-3})

bool	論理値	flag = True flag = False

complex	複素数	num = 2 + 3j # 実数＋虚数j
		num = complex(2, 3) # complex(実数,虚数)

演算子

Python の「四則演算子」「代入演算子」「比較演算子」「論理演算子」は、次のとおりです。Python の除算の演算子には「/」と「//」があり、「3 / 2」は小数点以下を切り捨てず「1.5」、「3 // 2」は小数点以下を切り捨て「1」になります。

表 2-3-2 Python の四則演算子

四則演算子	説明
a + b	加算
a - b	減算
a * b	乗算
a / b	除算（少数点以下を切り捨てない）
a // b	除算（少数点以下を切り捨てる）
a % b	除算の余り
a ** b	累乗

表 2-3-3 Python の代入演算子

代入演算子	説明
a = b	aにbを代入
a += b	a＝a＋bと同じ
a -= b	a＝a - bと同じ
a *= b	a＝a * bと同じ
a /= b	a＝a / bと同じ
a //= b	a＝a // bと同じ
a %= b	a＝a％bと同じ
a **= b	a＝a ** bと同じ

表 2-3-4 Python の比較演算子

比較演算子	説明
a == b	aとbが等しい
a != b	aとbが異なる
a < b	aがbより小さい
a > b	aがbより大きい
a <= b	aがb以下
a >= b	aがb以上
a <> b	aとbが異なる
a is b	aとbが等しい
a is not b	aとbが異なる
a in b	aがbに含まれる
a not in b	aがbに含まれない

表 2-3-5 Python の論理演算子

論理演算子	説明
a and b	aもbもTrueであればTrue
a or b	aまたはbがTrueであればTrue
not a	aがFalseであればTrue、aがTrueであればFalse

Pythonでは「三項演算子」は、以下のように記述します。

値 = <条件がTureの時の値> if <条件> else <条件がFalseの時の値>

2_2_variable.py
```
a = 11
s = 'aは10以上' if a>10 else  'aは10未満'
print(s)
aは10以上
```

文字列

複数行の文字列

複数行の文字列を定義するには、「'」もしくは「"」を3つ並べた三重引用符を使用します。

3_1_string.py
```
text = '''1行目のテキスト。
2行目のテキスト。'''
print(text)
1行目のテキスト。
2行目のテキスト。
```

文字列の連結

文字列と文字列を連結するには、「+」を使います。

3_2_string.py
```
print('文字列' + 'の連結')
文字列の連結
```

文字列と数字の連結

文字列と数字を連結する時は、数字を str() で文字列にキャストしてから連結します。

3_3_string.py
```
print('答え = ' + str(100))
答え = 100
```

文字列を部分的に取り出す

文字列を部分的に取り出すには、「添字」(インデックス)を使います。添字は [a:b] の形で書き、先頭を「0」として「a」から「bの1つ前」までの文字列を取り出します。a を省略すると先頭から、b を省略すると末尾までになります。

```
3_4_string.py
```
```
text = 'Hello World'
print(text[1:3])
print(text[:5])
print(text[6:])
el
Hello
World
```

文字列に変数を埋め込む

文字列に変数を埋め込むには、埋め込む場所に {} を記述し、format() に埋め込む変数を指定します。

浮動少数点の桁数を指定したい場合は、埋め込む場所に {:.< 桁数 >f} を指定します。浮動少数点下 2 桁の場合は「{:.2f}」になります。

```
3_5_string.py
```
```
a = 'Test'
b = 100
c = 3.14159
print('文字列 = {}'.format(a))
print('整数 = {}'.format(b))
print('浮動小数点 = {}'.format(c))
print('浮動小数点下2桁 = {:.2f}'.format(c))
print('複数の変数 = {}, {}, {:.2f}'.format(a, b, c))
文字列 = Test
整数 = 100
浮動小数点 = 3.14159
浮動小数点下2桁 = 3.14
複数の変数 = Test, 100, 3.14
```

リスト

リストの作成と要素の取得

「リスト」は、複数の要素を順番に保持するものです。[] 内に複数の値を「,」区切りで並べることで作成できます。文字列と同様に、添字を用いて要素を部分的に取り出すことができます。

```
4_1_list.py
```
```
my_list = [1, 2, 3, 4]
print(my_list)
print(my_list[0])
print(my_list[1:3])
[1, 2, 3, 4]
1
[2, 3]
```

リストの要素の変更

　添字で指定したリストの要素を変更することもできます。my_list[1:4] は、添字の 1 から 3（4 の 1 つ前）までを示します。

```
4_2_list.py
```

```python
my_list = [1, 2, 3, 4]
my_list[0] = 10
print(my_list)
my_list[1:4] = [20, 30]
print(my_list)
[10, 2, 3, 4]
[10, 20, 30]
```

リストの要素の追加と挿入と削除

　リストに要素を追加するには append()、挿入するには insert()、添字で削除するには del、要素で削除するには remove() を使います。

```
4_3_list.py
```

```python
my_list = ['Apple', 'Cherry']
print(my_list)
my_list.append('Strawberry')
print(my_list)
my_list.insert(0, 'Banana')
print(my_list)
del my_list[0]
print(my_list)
my_list.remove('Apple')
print(my_list)
['Apple', 'Cherry']
['Apple', 'Cherry', 'Strawberry']
['Banana', 'Apple', 'Cherry', 'Strawberry']
['Apple', 'Cherry', 'Strawberry']
['Cherry', 'Strawberry']
```

range() によるリストの作成

　range() を用いると、連続した数字を作成できます。range(a, b, c) は、a 以上、b 未満をステップ c で作成します。a を省略すると「0」から開始します。c を省略するとステップ「1」になります。range() を list() で囲むことで、リストに変換できます。

```
4_4_list.py
```

```python
print(list(range(10)))
print(list(range(1, 7)))
print(list(range(1, 10, 2)))
[0, 1, 2, 3, 4, 5, 6, 7, 8, 9]
[1, 2, 3, 4, 5, 6]
[1, 3, 5, 7, 9]
```

辞書

辞書の作成と要素の取得

「辞書」は、キーと値のペアを保持するものです。要素を取り出すには、キーを指定します。

`5_1_dic.py`

```
my_dic= {'Apple': 300, 'Cherry': 200, 'Strawberry': 3000}
print(my_dic['Apple'])
300
```

辞書の要素の更新

キーで指定した要素を変更することもできます。

`5_2_dic.py`

```
my_dic = {'Apple': 300, 'Cherry': 200, 'Strawberry': 3000}
my_dic['Apple'] = 400
print(my_dic)
{'Apple': 400, 'Cherry': 200, 'Strawberry': 3000}
```

辞書の要素の追加と削除

辞書に要素を追加するには代入、要素を削除するには del を使います。

`5_3_dic.py`

```
my_dic = {'Apple' : 300}
print(my_dic)
my_dic['Cherry'] = 200
print(my_dic)
del my_dic['Apple']
print(my_dic)
{'Apple': 300}
{'Apple': 300, 'Cherry': 200}
{'Cherry': 200}
```

タプル

「タプル」はリストと同様に、複数の要素を保持し、要素が順番に並んでいるものです。() 内に複数の値を「,」区切りで並べることで作成できます。添字を用いて要素を部分的に取り出すことができます。

「リスト」と「タプル」の違いは、要素を変更可能かどうかになります。タプルは、要素の追加や挿入や削除はできません。

`6_tuple.py`

```
my_taple = (1, 2, 3, 4)
print(my_taple)
```

```
print(my_taple[0])
print(my_taple[1:3])
[1, 2, 3, 4]
1
[2, 3]
```

制御構文

if（条件分岐）

条件分岐を行うには、「if ＜条件＞:」を使います。条件がTrueの時に実行するブロックは、インデント（字下げ）によって示します。

7_1_control.py

```
num = 5
if num >= 10:
    print('numが10以上') # 条件が成立
else:
    print('numが10未満') # 条件が未成立
numが10未満
```

複数の条件を指定する時は、次のように記述します。

7_2_control.py

```
num = 10
if num >= 5:
    print('numが5以上') # 1つ目の条件が成立
elif num >= 3:
    print('numが3以上') # 2つ目の条件が成立
else:
    print('numが3未満') # 条件が未成立
numが5以上
```

for（繰り返し）

リストの要素を順番に変数に代入しながら繰り返し処理を行うには、「for ＜変数＞ in ＜リスト＞:」を使います。単に任意の回数繰り返したい場合は、＜リスト＞に range() を指定します。繰り返し対象のブロックは、インデントによって示します。

7_3_control.py

```
for n in [1, 2, 3]:
    print(n) # 繰り返し対象
    print(n*10) # 繰り返し対象
1
10
2
20
3
30
```

Python の文法

```
for n in range(5):
    print(n) # 繰り返し対象
0
1
2
3
4
```

while（繰り返し）

　条件が成立している間、ブロック内の処理を繰り返すには「while ＜条件＞:」を使います。これも繰り返し対象のブロックは、インデントによって示します。ブロック内では、ブロックの先頭に戻る「continue」と、ループを抜ける「break」の命令を使用できます。

　1 〜 20 の自然数において、2 の倍数を除く、3 の倍数を表示するには、次のように記述します。

7_5_control.py

```
i = 0
while i < 20:
    i += 1
    if i % 2 == 0:
        continue
    if i % 3 == 0:
        print(i)
3
9
15
```

enumerate（列挙）

enumerate() にリストを渡すと、各要素に「0」からの連番を振ることができます。

7_6_control.py

```
for num, fruit in enumerate(['Apple', 'Cherry', 'Strawberry']):
    print('{}:{}'.format(num, fruit))
0: Apple
1: Cherry
2: Strawberry
```

リストの内包表記

　Python には、「内包表記」と呼ばれる繰り返し処理を簡潔に書く表記法があります。次のような繰り返し処理があるとします。

```
7_7_control.py
```
```python
my_list1 = []
for x in range(10):
    my_list1.append(x * 2)
print(my_list1)
[0, 2, 4, 6, 8, 10, 12, 14, 16, 18]
```

これを「内包表記」で書き換えると、次のように 1 行で書くことができます。

```
7_8_control.py
```
```python
my_list2 = [x * 2 for x in range(10)]

print(my_list2)
[0, 2, 4, 6, 8, 10, 12, 14, 16, 18]
```

関数と lambda 式

関数

「関数」は、一連のプログラムの命令をまとめて、外部から呼び出せるようにしたものです。「関数」の定義の書式は、次のとおりです。

> **書式**
>
> **def** 関数名（<引数1>, <引数2>, …）:
>   <一連のプログラムの命令>
>   **return** <戻り値>

度をラジアンに変換する関数は、次のように記述します。

```
8_1_function.py
```
```python
def radian(x):
    return x / 180 * 3.1415

for x in range(0, 360, 90):
    print('度: {}, ラジアン: {:.2f}'.format(x, radian(x)))
度: 0, ラジアン: 0.00
度: 90, ラジアン: 1.57
度: 180, ラジアン: 3.14
度: 270, ラジアン: 4.71
```

lambda 式

「lambda 式」は、関数を式として扱い変数に代入できるようにする手法です。プログラムのコードを簡潔に表記できます。「lambda 式」の書式は、次のとおりです。

先で説明した度をラジアンに変換する関数を「lambda 式」で書き換えると、次のように 1 行で書くことができます。

8_2_function.py

```python
lambda_radian = (lambda x:x / 180 * 3.1415)

for x in range(0, 360, 90):
    print('度: {}, ラジアン: {:.2f}'.format(x, lambda_radian(x)))
度: 0, ラジアン: 0.00
度: 90, ラジアン: 1.57
度: 180, ラジアン: 3.14
度: 270, ラジアン: 4.71
```

クラス

「クラス」とはデータとその操作をひとまとめにした定義のことです。「クラス」の持つデータを「メンバ変数」、操作を「メソッド」と呼びます。

「クラス」の定義の書式は、次のとおりです。

書式

```
class クラス名:
    def __init__(self, <引数1>, <引数2>, …):
        <コンストラクタで実行する処理>
    def メソッド名(self, <引数1>, <引数2>, …):
        <メソッドで実行する処理>
```

「メソッド」の引数の第 1 引数はクラス自身を示す「self」になります。「self. メンバ変数名」「self. メソッド名 ()」のようにして、クラス自身のメンバ変数やメソッドにアクセスします。

__init__() はクラス生成時に呼ばれるメソッドである「コンストラクタ」になります。コンストラクタが不必要な場合は、記述なしで問題ありません。

メンバ変数「msg」と、msg を表示するメソッド「output()」を持つクラス「HelloClass」を定義するには、次のように記述します。クラスの定義後、クラスの利用例として、HelloClass を生成し、output() を呼んで msg を表示しています。

9_class.py

```python
class HelloClass:
    def __init__(self, msg):
        self.msg = msg

    def output(self):
```

```
        print(self.msg)

hello = HelloClass('Hello World')
hello.output()
Hello World
```

パッケージのインポートとコンポーネントの直接呼び出し

パッケージのインポート

「クラス」「関数」「定数」などの「コンポーネント」が定義された Python のプログラムを「モジュール」と呼びます。そして、複数の「モジュール」で構成されたものを「パッケージ」と呼びます。

「import ＜パッケージ名＞ as ＜別名＞」で既存の「パッケージ」をインポートすることで、それに含まれる「コンポーネント」を利用できるようになります。

高速な配列計算のパッケージ「numpy」をインポートして、それに含まれる関数「array()」を呼ぶには、次のように記述します。以下の「np.array()」のように、「パッケージ名の別名 . 関数名 ()」で呼び出しています。

10_1_import.py

```
import numpy as np

a = np.array([[1,2,3],[4,5,6],[7,8,9]])
print(a)
[[1 2 3]
 [4 5 6]
 [7 8 9]]
```

コンポーネントの直接呼び出し

「from ＜パッケージ名＞ import ＜コンポーネント名＞」で、コンポーネント名を指定してインポートすることで、コンポーネントを直接利用できるようになります。以下の「array()」のように、「関数名 ()」のみで呼び出しています。

10_2_import.py

```
from numpy import array

a = array([[1,2,3],[4,5,6],[7,8,9]])
print(a)
[[1 2 3]
 [4 5 6]
 [7 8 9]]
```

Python の文法

COLUMN

API リファレンス

Python 関連の API リファレンスは、以下のサイトで閲覧できます。

「OpenAI Gym」は整備された API リファレンスはないので、ソースコードを読むことになります。

Python 3.6 ドキュメント
https://docs.python.org/3.6/

NumPy Reference
https://docs.scipy.org/doc/numpy/reference/

OpenAI Gym
https://github.com/openai/gym

Stable Baselines documentation
https://stable-baselines.readthedocs.io/en/master/

Gym Retro documentation
https://retro.readthedocs.io/en/latest/

Module: tf | TensorFlow
https://www.tensorflow.org/versions/r1.15/api_docs/python/tf

Matplotlib 3.0.3 documentation
https://matplotlib.org/api/index.html

pandas 0.24.1 documentation
https://pandas.pydata.org/pandas-docs/stable/reference/index.html

COLUMN

本書で使っているパッケージのバージョン

本書で使っているパッケージのバージョンは、次のとおりです。

表 本書で使っているパッケージのバージョン

パッケージ	バージョン	パッケージ	バージョン
Python	3.6.7	Gym Retro	0.7.0
NumPy	1.17.2	TensorFlow	1.14.0
OpenAI Gym	0.15.3	Matplitlib	3.1.1
Stable Baselines	2.8.0	pandas	0.25.2

3 OpenAI Gym

この章では、本書の主題の1つである「OpenAI Gym」の概要を解説し、インストールを行って、強化学習を行うための環境を構築していきます。ここでは、「OpenAI Gym」で提供される強化学習のためのさまざまな環境の詳細や、エージェントと環境の共通インタフェースを解説します。実際に強化学習アルゴリズムを使った学習は、以降の章で行います。

「OpenAI Gym」は、環境に強化学習アルゴリズムを組み込むことによって学習状況を確認し、複数の強化学習アルゴリズムを試してみることで、それぞれの優位性やパフォーマンスを容易に比較できる点が大きな特徴です。

環境としては、強化学習の典型的な課題として取り上げられる「CartPole」から、Atariゲームのスコアを競う環境、二足歩行ロボットなどの2D物理エンジンを制御する環境など、バラエティに富んだ環境が複数付属しており、目的や用途に応じて、強化学習アルゴリズムを利用することができます。

▶ この章の目的

● OpenAI の概要と特徴、および付属するさまざまな環境について理解する
● OpenAI をインストールして、動作確認を行う
● 強化学習アルゴリズムを組み込むための、Gym インタフェースと呼ばれるエージェントと環境の共通インタフェースと、強化学習サイクルの詳細を確認する

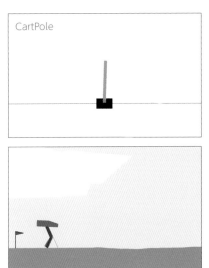

BipedalWalker

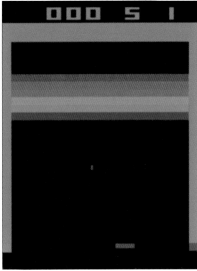

Breakout

OpenAI Gym の概要

最初に「OpenAI Gym」の概要と特徴を理解し、用意されているさまざまな環境を見ていきましょう。

OpenAI Gym の強化学習ツールキット

「OpenAI Gym」は、「OpenAI」が提供している強化学習用のツールキットです。このツールキットでは、強化学習のエージェントと環境間の共通インタフェースを提供しているほか、タスクの学習に利用できるさまざまな「環境」も用意されています。

> **OpenAI Gym**
> https://gym.openai.com/

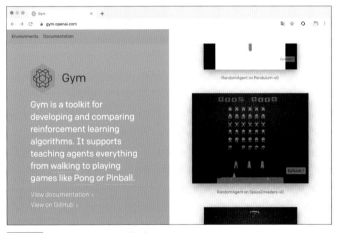

図 3-1-1 OpenAI Gym の Web サイト

OpenAI Gym の特徴

「OpenAI Gym」の特徴は、次のとおりです。

シンプルな共通インタフェース

「OpenAI Gym」は、エージェントと環境間のシンプルな共通インタフェースを提供します。具体的にはステップ毎に、入力として「環境」に「行動」を渡すことで、出力として「状態」「報酬」「エピソード完了」「情報」を返します。これによって、「環境」に対してさまざまな「学習アルゴリズム」をほとんどコードの改変なしに適用できます。

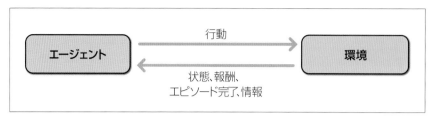

図 3-1-2 OpenAI の環境インタフェース

▶ 比較可能性

「環境」における「強化学習アルゴリズム」のパフォーマンスを、別の強化学習アルゴリズムと比較することができます。

たとえば、Atari ゲームで平均 1,000 のスコアを獲得する強化学習アルゴリズムのほうが、平均 100 のスコアを獲得するものよりもパフォーマンスが良いことがわかります。

▶ 再現性

「環境」が少しでも変更されてしまうと、パフォーマンスの比較は不公平なものになってしまいます。そこで、「OpenAI Gym」では環境に対して厳密なバージョン管理を行っています。「環境」に少しでも変更があったら、環境名のバージョン番号を変更します。

たとえば、「SpaceInvaders-v0」という名前の環境に少しでも変更があったら、「SpaceInvaders-v1」という名前に変更されます。このシンプルなバージョン管理により、常に同じ「環境」でパフォーマンスを比較できるようにしています。

▶ 学習状況の監視

「OpenAI Gym」の 1 つの機能として、利用可能なすべての「環境」は「Monitor」という機能を備えています。「Monitor」を使うと、ステップ毎にログを記録することができ、エージェントの学習状況を監視できるようになります。

▶ OpenAI Gym の環境

「OpenAI Gym」がどのような「環境」を提供しているかは、「OpenAI Gym」の「Environments」のページで確認できます。

Environments － Gym
https://gym.openai.com/envs/#classic_control

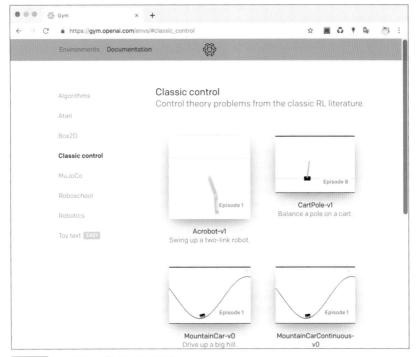

図 3-1-3 OpenAI Gym が提供している環境

「環境」は、図 3-1-3 の左側にあるように、カテゴリ別に提供されています。

◎ Algorithmic

文字列の入力と出力から、それを実現するアルゴリズムを学習する環境です。文字列をそのまま出力する環境や、逆順に出力する環境などが含まれています。

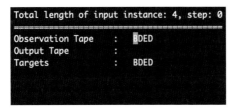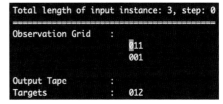

図 3-1-4 Algorithmic が提供する環境の例

◎ Atari

Atari ゲームのスコアを競う環境を提供しています。ブロック崩しや Pong など、100本以上のゲーム環境が含まれています。

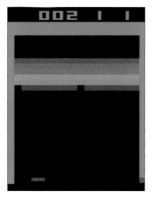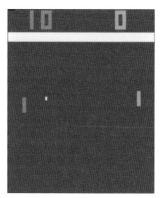

図 3-1-5 Atari が提供する環境の例

◎ Box2D

オープンソースの 2D 物理エンジン「Box2D」で開発された連続的な制御タスクを行う環境を提供します。二足歩行ロボット、月着陸船、レースカーなどの環境が含まれています。

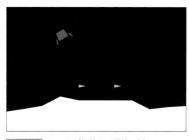

図 3-1-6 Box2D が提供する環境の例

◎ Classic control

強化学習の教科書に登場するさまざまな古典的な制御タスクを行う環境を提供します。「CartPole」や「MountainCar」などの環境が含まれます。

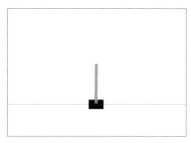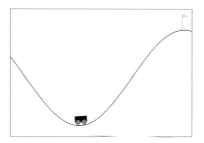

図 3-1-7 Classic control が提供する環境の例

◎ MuJoCo

3D 物理エンジン「MuJoCo」で開発された連続的な制御タスクを行う環境を提供します。二足歩行のロボットの歩行、走行などの環境が含まれます。

ロボット工学の強化学習環境のデファクトスタンダードですが、「MuJoCo」はオープ

ンソースでないため、商用ライセンスが必要になります。

図 3-1-8 MuJoCo が提供する環境の例

◎ Robotics

ロボットアームやロボットハンドなどの環境を提供します。これも「MuJoCo」を使っているので、商用ライセンスが必要になります。

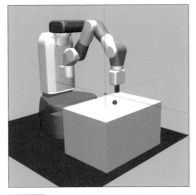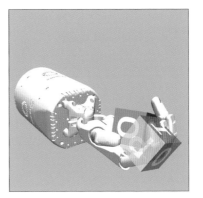

図 3-1-9 Robotics が提供する環境の例

◎ Toy text

単純なテキストベースの古典的タスクを行う環境を提供します。「Frozen Lake」や「Taxi」などの環境が含まれます。

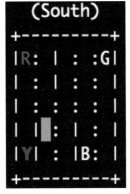

図 3-1-10 Toy text が提供する環境の例

MuJoCo の商用ライセンス

　「MuJoCo」環境と「Robotics」環境の利用には、3D 物理エンジン「MuJoCo」が必要です。「MuJoCo」を利用するには、商用ライセンス（個人開発者は年間 $500）が必要になります。ただし、一般は 30 日間、学生は 1 年間無料で利用できる「試用ライセンス」も提供されています。

　詳しくは、8 章「8-1 OpenAI の MuJoCo 環境と Robotics 環境」で解説します。

MuJoCo
https://www.roboti.us/license.html

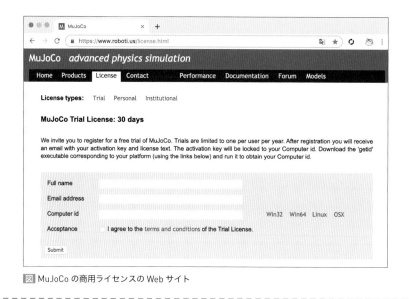

図 MuJoCo の商用ライセンスの Web サイト

3-2 OpenAI Gym のインストールと動作確認

「OpenAI Gym」の概要がわかったところで、インストールして動作確認を行ってみましょう。OS によって手順が異なり、また Windows 環境では一部制限があります。

OpenAI Gym のインストール【macOS】

macOS 環境でのインストールは、次の手順で行います。Python 関係のコマンド（python と pip）以外のコマンドは、通常のターミナルと仮想環境のどちらで入力しても、問題ありません。

(01) Xcode のインストール

「Xcode」は macOS 用の統合開発環境です。「OpenAI Gym」をインストールする際に、「Xcode」に含まれる C 言語コンパイラ「clang」を利用します。「Apple Developer Site」から Xcode のインストーラをダウンロードします。

Xcode
https://developer.apple.com/xcode/downloads/

「Xcode」のインストーラでインストール後、ターミナルで以下のコマンドを入力し、ユーザーのライセンス契約に同意します。

```
$ sudo xcodebuild -license accept
```

(02) Homebrew のインストール

「Homebrew」は、macOS 用のパッケージマネージャーです。

macOS 用パッケージマネージャー － Homebrew
https://brew.sh/index_ja

以下のコマンドで、「Homebrew」をインストールします。

```
$ /usr/bin/ruby -e "$(curl -fsSL https://raw.githubusercontent.com/Homebrew/install/master/install)"
```

(03) システムパッケージのインストール

以下のコマンドで、各種システムパッケージをインストールします。

```
$ brew install cmake boost boost-python sdl2 swig wget
```

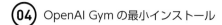 **04** OpenAI Gym の最小インストール

　OpenAI Gym の最小インストールでは、環境として「Algorithmic」「Classic control」
「Toy Text」のみが含まれています。「Anaconda」で作成した Python 3.6 の仮想環境で、
以下のコマンドを入力してください。

```
$ pip install gym
```

 **05** Atari 環境と Box2D 環境のインストール

　以下のコマンドで、Atari 環境と Box2D 環境を追加インストールします。

```
$ pip install gym[atari]
$ pip install gym[box2d]
```

COLUMN

pip インストール時の clang 関連でエラーが起きた場合

　pip インストール時に clang 関連でエラーが起きた場合、Xcode のコマンドライン
ツールのバージョンが古い場合があります。「Xcode」のコマンドラインツールのバー
ジョンを確認し、古い場合は切り替えてください。
　Xcode コマンドラインツールの切り替えについては、以下の記事が参考になります。

Xcode コマンドラインツールの切替
https://note.mu/npaka/n/ne552a89cde90

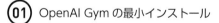 OpenAI Gym のインストール【Windows】

　Windows 環境での「OpenAI Gym」のインストールは、次の手順で行います。
Python 関係のコマンド（python と pip）は、「Anaconda」で作成した Python 3.6 の
仮想環境で入力してください。

01 OpenAI Gym の最小インストール

　OpenAI Gym の最小インストールでは、環境として「Algorithmic」「Classic control」
「Toy Text」のみが含まれています。

```
$ pip install gym
```

　「OpenAI Gym」の Windows 版は実験的リリースのため、公式にサポートしている
のは「最小インストール」までです。非公式ですが、Atari 環境はインストールすること
ができるので、その手順を説明しておきます。

02 Visual Studio 2015 C++ ビルドツールのインストール

以下のサイトからダウンロードして、インストールしてください。「Visual Studio 2017 C++ ビルドツール」がインストールされている場合は、アンインストールしてから行ってください。

> **Microsoft Build Tools 2015**
> https://www.microsoft.com/ja-JP/download/details.aspx?id=48159

03 Atari 環境のインストール

以下のコマンドで、Atari 環境をインストールします。

```
$ pip install --no-index -f https://github.com/Kojoley/atari-py/releases atari_py
```

OpenAI Gym のインストール【Ubuntu】

Linux（Ubuntu）環境での「OpenAI Gym」のインストールは、次の手順で行います。Python 関係のコマンド（python と pip）以外のコマンドは、通常のターミナルと仮想環境のどちらで入力しても、問題ありません。

01 システムパッケージのインストール

以下のコマンドで、各種システムパッケージをインストールします。

```
$ apt-get install -y python-numpy python-dev cmake zlib1g-dev libjpeg-dev xvfb
libav-tools xorg-dev python-opengl libboost-all-dev libsdl2-dev swig
```

02 OpenAI Gym の最小インストール

OpenAI Gym の最小インストールでは、環境として「Algorithmic」「Classic control」「Toy Text」のみが含まれています。「Anaconda」で作成した Python 3.6 の仮想環境で、以下のコマンドを入力してください。

```
$ pip install gym
```

03 Atari 環境と Box2D 環境のインストール

以下のコマンドで、Atari 環境と Box2D 環境を追加インストールします。

```
$ pip install gym[atari]
$ pip install gym[box2d]
```

MuJoCo 環境と Robotics 環境のインストール

　「MuJoCo」環境と「Robotics」環境をインストールするには、「MuJoCo」の商用ライセンスをインストールした後、以下のコマンドを入力します。

　対応 OS は「macOS」「Ubuntu」のみで、「Windows」は現在のところ非対応になります。

```
$ pip install gym[mujoco]
$ pip install gym[robotics]
```

OpenAI Gym の動作確認

　「OpenAI Gym」のインストールが終わったところで、以下のように動作確認を行います。

　ここでは、環境「CartPole」を生成し、ランダム行動を行います。「CartPole」は、カートを左右移動させて、棒を倒さないようにバランスを取るゲームになります。

表 3-2-1 CartPole の強化学習の要素

強化学習の要素	CartPole
目的	棒を倒さないようにバランスをとる
行動	カートの左移動 カートの右移動
状態	カートの位置 カートの速度 棒の角度 棒の角速度
報酬	1ステップ毎に+1
エピソード	棒を倒すまで

　以下のコードをエディタで作成し、python コマンドで実行してください。

hello_gym.py

```python
import gym

# 環境の生成
env = gym.make("CartPole-v1")

# ランダム行動による動作確認
env.reset()
while True:
    env.render()
    env.step(env.action_space.sample())
```

実行コマンドは、次のとおりです。

```
$ python hello_gym.py
```

ランダム行動なので、すぐに棒が倒れます。

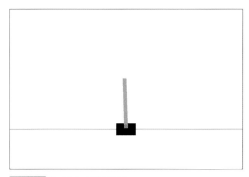

図 3-2-1 CartPole の実行画面

3-3　Gym インタフェース

「OpenAI Gym」は、どの環境でも同じ扱いができるように、エージェントと環境間のインタフェースの仕様を共通化している点が特徴です。ここでは、そのインタフェースの詳細と、「OpenAI Gym」での強化学習サイクルを解説します。

Gym インタフェースの概要

「OpenAI Gym」が提供する強化学習のエージェントと、環境間の共通インタフェースについて解説します。

図 3-3-1 Gym インタフェースの概要

この共通インタフェースは、「OpenAI Gym」の「Env」クラスが保持しています。「Env」クラスは、強化学習の「環境」をカプセル化しているクラスになります。

主なメソッドとプロパティは、次のとおりです。プロパティの「行動空間」と「状態空間」については、次節で解説します。

表 3-3-1 OpenAI Gym の Env クラスの主なメソッド

メソッド	説明
reset()	環境のリセット
step()	環境の1ステップ実行
render()	環境の描画
close()	環境の終了
seed()	乱数シードの指定

表 3-3-2 OpenAI Gym の Env クラスの主なプロパティ

プロパティ	説明
action_space	行動空間
observation_space	状態空間

環境の生成

「環境」の生成には、gym.make() を使います。

> **gym.make(id)**
>
> **説明**：環境の生成
> **引数**：id（str 型）　　環境 ID
> **戻り値**：env（Env 型）　環境

　「環境 ID」は、「OpenAI Gym」で提供している環境の ID で、前節で紹介した「OpenAI Gym」サイトの「Environments」で確認できます。

　「CartPole」環境の場合は、「CartPole-v1」になります。戻り値として「Env」オブジェクトが返ります。

```
env = gym.make('CartPole-v1')
```

COLUMN

環境 ID の一覧の取得

　OpenAI Gym で利用できる環境 ID の一覧を取得するコードは、次のとおりです。

env_list.py

```
from gym import envs
for spec in envs.registry.all():
    print(spec.id)
```

実行すると、以下のように環境 ID のリストが表示されます。

```
Copy-v0
RepeatCopy-v0
ReversedAddition-v0
ReversedAddition3-v0
DuplicatedInput-v0
Reverse-v0
CartPole-v0
CartPole-v1
```
　　　（省略）

COLUMN

環境 ID の命名規則

　Atari のブロック崩し「Breakout」には、以下のようにさまざまなバージョンが存在します。

```
Breakout-v0
Breakout-v4
BreakoutDeterministic-v0
BreakoutDeterministic-v4
BreakoutNoFrameskip-v0
```

```
BreakoutNoFrameskip-v4
Breakout-ram-v0
Breakout-ram-v4
Breakout-ramDeterministic-v0
Breakout-ramDeterministic-v4
Breakout-ramNoFrameskip-v0
Breakout-ramNoFrameskip-v4
```

「OpenAI Gym」の環境 ID には一定の命名規則があるため、以下のルールを覚えることで、それぞれの環境の特徴がわかります。

- 環境 ID の「v」の後ろに数字があると、環境のバージョンを意味します。
- 環境 ID に「ram」がある時は、環境によって返される「状態」が Atari ゲームで使われている「RAM」（Random Access Memory）の内容であることを意味します。
- 環境 ID に「deterministic」がある時は、エージェントが環境に渡される行動が 4 フレーム繰り返し実行され、その後の「状態」が返されることを意味します。
- 環境 ID に「NoFrameskip」がある時は、エージェントが環境に渡される行動が 1 フレーム実行され、すぐに（フレームスキップなしに）「状態」が返されることを意味します。
- デフォルトでは、環境 ID に「deterministic」「NoFrameskip」が含まれていない場合、「行動」が n フレーム繰り返し実行されます。n は {2,3,4} から一様にサンプリングされます。

環境のリセット

環境をリセットするには、env.reset() を使います。

env.reset()
説明：環境のリセット
戻り値：state（object 型）　エピソードの最初の状態

エピソードの開始時に呼び、戻り値としてエピソードの最初の状態が返ります。

```
state = env.reset()
```

エピソードの最初の「状態」の型は、プロパティ「observation_space」で決まります。詳しくは、次節で解説します。

環境の 1 ステップ実行

環境を 1 ステップ実行するには、env.step() を使います。

> **env.step(action)**
> **説明**：環境の 1 ステップ実行
> **引数**：action（object 型）　　行動
> **戻り値**：results（tuple 型）　（次の状態 , 報酬 , エピソード完了 , 情報）

　環境に「行動」を渡し、戻り値として「次の状態」「報酬」「エピソード完了」「情報」を返します。環境に渡す「行動」の型は、プロパティ「action_space」で決まります。詳しくは、次節で説明します。

```
state, reward, done, info = env.step(action)
```

　戻り値の詳細は、次のとおりです。

表 3-3-3 env.step() の戻り値

戻り値	型	説明
次の状態（state）	object	行動実行後の次の状態
報酬（reward）	float	行動がどれだけ価値があるかを示す即時報酬
エピソード完了（done）	bool	エピソード完了時にTrueが返される
情報（info）	dict	デバッグ目的の情報辞書

COLUMN

状態（state）と観察（observation）

　環境に「行動」を渡した戻り値として受け取る「状態」(state)は、「観察」(observation)とも呼ばれます。

　強化学習のドキュメントにおいては同じ意味で使われることが多いですが、本来の意味は、「状態」は環境の持つ情報、「観察」はエージェントが取得できる情報を示します。「完全観察環境」ではエージェントがすべての情報「状態」を取得でき、「部分観察環境」ではエージェントは部分的な情報「観察」のみを取得できます。

　　部分観察環境：観察（observation）⊂ 状態（state）
　　完全観察環境：観察（observation）＝ 状態（state）

本書では、わかりやすさを優先して「状態」(state)で統一します。

環境の描画

環境を描画するには、env.render() を使います。

> env.render(mode='human')
> **説明**：環境の描画
> **引数**：mode（str 型）　描画モード
> **戻り値**：描画モードごとの出力

　サポートされる「描画モード」は、環境ごとに異なります。描画をサポートしない環境もあります。慣例として、以下のような描画モード定数が使われます。

表 3-3-4 描画モード定数

描画モード定数	説明
human	人間向けにディスプレイまたは端末に描画
rgb_array	ピクセル画像のRGB配列を戻り値として返す
ansi	テキストを戻り値として返す

環境の終了

環境を終了する時には、env.close() を使います。

> env.close()
> **説明**：環境の終了

乱数シードの指定

　環境の乱数シードは、env.seed() で指定します。学習の再現性を求めたい場合や、環境ごとに別の乱数シードを利用したい場合に利用します。

> env.seed(seed=None)
> **説明**：乱数シードの指定
> **引数**：seed（int 型）　　乱数シード
> **戻り値**：seeds（list 型）　環境で使用している乱数シードのリスト

強化学習サイクルをコードで記述

　前節と同じ「CartPole」で、強化学習サイクルをコードで記述すると次のようになります。

```
hello_gym_interface.py
import gym

# 環境の生成
env = gym.make('CartPole-v1')

# 環境のリセット
state = env.reset()

# 1エピソードのループ
while True:
    # 環境の描画
    env.render()

    # ランダム行動の取得
    action = env.action_space.sample()

    # 1ステップの実行
    state, reward, done, info = env.step(action)
    print('reward:', reward)

    # エピソード完了
    if done:
        print('done')
        break

# 環境のクローズ
env.close()
```

env.action_space.sample() は、行動空間の型「action_space」に応じたランダム行動を取得するメソッドです。このメソッドは、環境の動作確認に役立ちます。

次章で解説する「Stable Baselines」などで「強化学習アルゴリズム」を実装したら、この部分を入れ替えることで、そのアルゴリズムによる推論を実行できます。

実行コマンドは、次のとおりです。今回も、ランダム行動なのですぐに棒が倒れます。

```
$ python hello_gym_interface.py
```

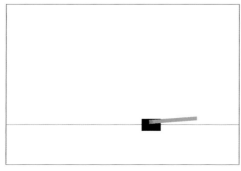

図 3-3-2 強化学習サイクルでの CartPole の実行画面

3-4 行動空間と状態空間

前節のインタフェースと強化学習サイクルはどの環境でも共通ですが、それぞれの環境によってエージェントが可能な「行動」と、その結果の「状態」は異なります。ここでは、3つの環境を例にして、「行動」と「状態」のパラメータの詳細を解説します。

環境の行動と状態

「OpenAI Gym」が提供する「環境」は、それぞれ異なる「行動」と「状態」の型を持っています。はじめに、「CartPole」「Breakout」「BipedalWalker」の3つの環境について、どのような「行動」と「状態」を持っているかを紹介します。

その後、「行動」と「状態」がどのような型（配列とサイズと最大値・最小値）を持っているかを調べるプログラムを作ります。

◎ CartPole

棒立てバランスゲーム「CartPole」環境の行動と状態は、次のとおりです。「Inf」は無限（Infinity）を表します。

図 3-4-1 CartPole の環境

表 3-4-1 CartPole の行動と状態

行動と状態	CartPole
行動	0：カートの左移動 1：カートの右移動
状態	カート位置（-2.4〜2.4） カート速度（-Inf〜Inf） 棒の角度（-41.8°〜41.8°） 棒の角速度（-Inf〜Inf）

◎ Breakout

Atari のブロック崩し「Breakout」の行動と状態は、次のとおりです。

行動の「NOOP」は無操作（No Operation）、「FIRE」はスタートボタンにもなります。画面サイズが 210 × 160 で RGB カラーを使うので、状態の多次元配列のシェイプは（210, 160, 3）になります。

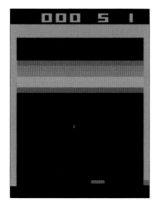

図 3-4-2 Breakout の環境

表 3-4-2 Breakout の行動と状態

行動と状態	Breakout
行動	0：NOOP 1：FIRE 2：RIGHT 3：LEFT
状態	210×160×3の画面イメージ （各ドットは0〜255）

◎ BipedalWalker

2D の物理シミュレーション「BipedalWalker」の行動と状態は、次のとおりです。行動は 4 つの関節の「トルク / 速度」になります。

図 3-4-3 BipedalWalker の環境

表 3-4-3 BipedalWalker の行動と状態

行動と状態	BipedalWalker	行動と状態	BipedalWalker
行動	ボディ角度（0〜2.0*π） ボディ角速度（-Inf〜Inf） x速度（-Inf〜Inf） y速度（-Inf〜Inf） 股関節1角度（-Inf〜Inf） 股関節1速度（-Inf〜Inf） 膝関節1角度（-Inf〜Inf） 膝関節1速度（-Inf〜Inf） 脚1の地面との接触（-Inf〜Inf） 股関節2角度（-Inf〜Inf）	行動	股関節2速度（-Inf〜Inf） 膝関節2角度（-Inf〜Inf） 膝関節2速度（-Inf〜Inf） 脚2の地面との接触（0.0〜1.0） ライダー距離測定（-Inf〜Inf）×10
		状態	股関節1（トルク/速度）（-1.0〜1.0） 膝関節1（トルク/速度）（-1.0〜1.0） 股関節2（トルク/速度）（-1.0〜1.0） 膝関節2（トルク/速度）（-1.0〜1.0）

COLUMN

行動の各要素が何を意味するかを調べる

「OpenAI Gym」の環境がどのような「行動」と「状態」を持っているかは、ドキュメントとしてまとめられていません。「OpenAI Gym」の「Environments」のページにある簡単な説明文をヒントに、環境を実際に動かしたり、ソースコードを読んで調べる必要があります。

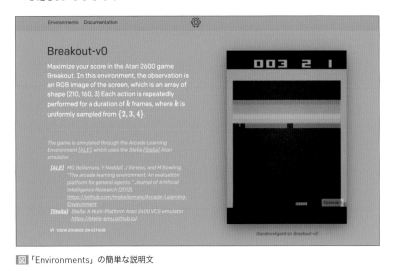

図 「Environments」の簡単な説明文

行動空間と状態空間の型

「環境」の「行動」の型は「行動空間」（action_space）、「状態」の型は「状態空間」（observation_space）で指定します。

「OpenAI Gym」には、行動空間と状態空間の型として、次の4つのクラスをサポートしています。これらは、gym.spaces パッケージに含まれています。

◎ Box クラス

「Box」は、範囲[low, high]の連続値の要素を持つ多次元配列の型です。「連続値」は「-1.0 ～ 1.0」のような連続した値のことを指します。「float 型」のため設定値は細かく指定できます。

210 × 160 の RGB カラーの画面イメージを表現する状態空間の定義は、次のようになります。この定義の値は、（210, 160, 3）の多次元配列になり、各要素の値は「0 ～ 255」になります。

```
Box(low=0, high=255, shape=(210, 160, 3))
```

◎ Discrete クラス

「Discrete」は、範囲 [0, n-1] の離散値の要素を持つ数値の型です。「離散値」は「0, 1, 2」のような離散した値のことを指します。「int 型」のため設定値の数は固定になります。

「0：左移動」「1：右移動」の 2 つの行動を表現する行動空間の定義は、次のようになります。この定義の値は「0」と「1」の 2 種類になり、「左移動」の時は「0」となります。

```
Discrete(2)
```

◎ MultiBinary クラス

「MultiBinary」は、「0」または「1」の要素を持つ int 型配列の型です。レトロゲームなどのボタンの同時押しがある行動空間で利用します。

「0：上」「1：下」「2：左」「3：右」の 4 つの同時押し可能なボタンを表現する行動空間の定義は、次のようになります。この定義の値は長さ 4 の int 型配列になり、右ボタンと上ボタンを同時に押す場合は［1, 0, 0, 1］となります。

```
MultiBinary(4)
```

◎ MultiDiscrete クラス

「MultiDiscrete」は、範囲 [0, n-1] の離散値の要素を持つ配列の型です。複数の変数で行動を表現する行動空間で利用します。

「0：カーソルの移動」（値は、0：左移動、1：右移動）「1：書き込む文字」（値は、0：A、1：B、2：C、3：D、4：E、5：なし）の 2 つの変数で行動を表現する行動空間の定義は、次のとおりです。この定義の値は長さ 2 の int 型配列になり、右に移動しながら「D」を書き込む場合は、［1,3］となります。

```
MultiDiscrete([2, 6])
```

一般的には、「行動空間」では多くが「Box」と「Discrete」、「状態空間」では多くが「Box」を利用します。

各環境の行動空間と状態空間

　各環境がどのような「行動空間」と「状態空間」を使っているかを調べるコードは、次のとおりです。「Box」「Discrete」の場合は、最大値と最小値も表示しています。

```python
check_space.py
import gym
import sys
from gym.spaces import *

# 環境ID
ENV_ID = sys.argv[1]

# 空間の出力
def print_spaces(label, space):
    # 空間の出力
    print(label, space)

    # Box/Discreteの場合は最大値と最小値も表示
    if isinstance(space, Box):
        print('    最小値: ', space.low)
        print('    最大値: ', space.high)
    if isinstance(space, Discrete):
        print('    最小値: ', 0)
        print('    最大値: ', space.n-1)

# 環境の生成
env = gym.make(ENV_ID)

# 行動空間と状態空間の型の出力
print('環境ID: ', ENV_ID)
print_spaces('行動空間: ', env.action_space)
print_spaces('状態空間: ', env.observation_space)
```

　sys.argv[1] で Python のコマンド引数を取得しています。python コマンドの引数に環境 ID を指定することで、その環境の「行動空間」と「状態空間」を出力することができます。

　各環境 ID を指定して出力した結果は、次のようになります。

```
$ python check_space.py <環境ID>
```

◎ CartPole

```
$ python check_space.py CartPole-v1
環境ID:  CartPole-v1
行動空間:  Discrete(2)
    最小値:  0
```

```
   最大値:   1
状態空間:   Box(4,)
   最小値:   [-4.8000002e+00 -3.4028235e+38 -4.1887903e-01 -3.4028235e+38]
   最大値:   [4.8000002e+00 3.4028235e+38 4.1887903e-01 3.4028235e+38]
```

◎ Breakout

```
$ python check_space.py Breakout-v0
環境ID:   Breakout-v0
行動空間:   Discrete(4)
   最小値:   0
   最大値:   3
状態空間:   Box(210, 160, 3)
   最小値:   [[[0 0 0]
 [0 0 0]
 [0 0 0]
（省略）
 [0 0 0]
 [0 0 0]
 [0 0 0]]]
   最大値:   [[[255 255 255]
 [255 255 255]
 [255 255 255]
（省略）
 [255 255 255]
 [255 255 255]
 [255 255 255]]]
```

◎ BipedalWalker

```
$ python check_space.py BipedalWalker-v2
環境ID:   BipedalWalker-v2
行動空間:   Box(4,)
   最小値:   [-1. -1. -1. -1.]
   最大値:   [1. 1. 1. 1.]
状態空間:   Box(24,)
   最小値:   [-inf -inf -inf -inf -inf -inf -inf -inf -inf -inf -inf -inf -inf -inf
 -inf -inf -inf -inf -inf -inf -inf -inf -inf -inf]
   最大値:   [inf inf inf inf inf inf inf inf inf inf inf inf inf inf inf inf inf
 inf inf inf inf inf inf]
```

4 Stable Baselines

　前章で「OpenAI Gym」ツールキットをインストールして、機械学習を行うための環境を構築しました。本章では、「OpenAI Gym」で使われる強化学習アルゴリズムの実装セットである「Stable Baselines」（「OpenAI Baselines」の改良版）の概要を解説します。またインストールと環境構築を行い、「Stable Baselines」による強化学習を試してみます。なお、本格的なゲームを使った攻略法は、次章以降で解説します。

　「Stable Baselines」は、最新の強化学習アルゴリズムを含む複数のアルゴリズムがサポートされており、インタフェースやドキュメントなどが整理され、使いやすい実装になっていることが大きな特徴です。ここでは、前章でも紹介した「CartPole」などを例にして、いくつかの強化学習アルゴリズムを使ってパラメータの調整などを行い、学習結果を TensorBoard でグラフ表示して比較してみます。

　また、最後の節では「Stable Baselines」をさらに活用しやすくするために提供されている「Stable Baselines Zoo」も紹介します。「Stable Baselines Zoo」は、「Stable Baselines」の学習済みモデルのコレクションで、すぐにゲームに適応して、強化学習の学習結果を試すことができます。

▶ この章の目的

● 「Stable Baselines」の概要と特徴、主要なアルゴリズムのパラメータの詳細などを理解する
● さまざまな強化学習アルゴリズムの利点と欠点を確認し、強化学習と組み合わせて使われることが多い「模倣学習」についても概要を把握する
● 学習効率を向上させる並列実行（マルチプロセッシング）を使って学習を実行し、効果を比較する

「Stable Baselines Zoo」では学習済みモデルが提供されている

「Stable Baselines」はドキュメントが充実している

Stable Baselines の概要とインストール

最初に、Stable Baselines の概要を理解し、実際にインストールを行って、動作確認を行ってみましょう。

Stable Baselines の概要

「Stable Baselines」は、「OpenAI」が提供する「強化学習アルゴリズム」の実装セット「OpenAI Baselines」の改良版です。

Stable Baselines

https://github.com/hill-a/stable-baselines

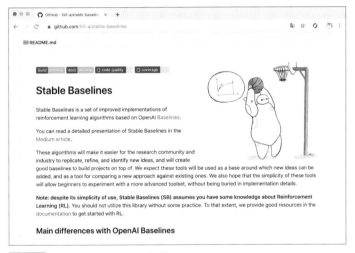

図 4-1-1 Stable Baselines の Web サイト

OpenAI Baselines と Stable Baselines の比較

「強化学習アルゴリズム」を論文から自力で再現するのは、非常に困難な作業です。強化学習アルゴリズムには微細なバグを許容する不確定要素があり、多くの論文では必要なトリックをすべて記載しているわけではありません。そこで、OpenAI は「強化学習アルゴリズム」の実装セット「OpenAI Baselines」をリリースしました。

OpenAI Baselines

https://github.com/openai/baselines

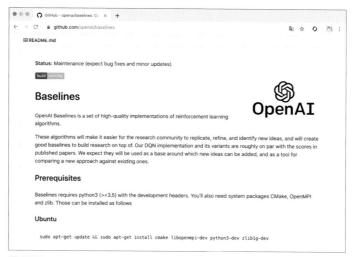

図 4-1-2 OpenAI Baselines の Web サイト

　これらの強化学習アルゴリズムは正しく機能し、非常に役立つものでした。しかし、これをカスタマイズして使う場合には、強化学習アルゴリズムのインタフェースは共通化されておらず、ソースコードのコメントの欠如などもあり、使い勝手がよいとは言えませんでした。

　そこで、「OpenAI Baselines」をフォークし、大規模なリファクタリングを行い、使いやすくしたものが「Stable Baselines」になります。「Stable Baselines」と「OpenAI Baselines」の比較は、次のとおりです。

表 4-1-1 Stable Baselines と OpenAI Baselines の比較

説明	Stable Baselines	OpenAI Baselines
最先端の強化学習アルゴリズム	◎（SACとTD3追加）	○
強化学習アルゴリズムの共通インタフェース	○	△（実行スクリプト経由のみ）
ドキュメントの提供	○	×
カスタム環境	○	○
カスタムポリシー	○	△（実行スクリプト経由のみ）
カスタムコールバック	○	△（DQNのみ）
TensorBoardのサポート	○	△（初歩的なログのみ）
IPython／Notebookのサポート	○	×

Stable Baselines の強化学習アルゴリズム

　「Stable Baselines」は「OpenAI Baselines」と同様に、強化学習アルゴリズムとして「A2C」「ACER」「ACKTR」「DDPG」「DQN」「GAIL」「HER」「PPO1」「PPO2」「TPRO」をサポートします。さらに追加で「SAC」「TD3」も利用できます。

表 4-1-2 Stable Baselines でサポートされる強化学習アルゴリズム

学習アルゴリズム名	Box	Discrete	Multi Discrete	Multi Binary	Multi Processing	Recurrent
A2C	○	○	○	○	○	○
ACER	×	○	×	×	○	○
ACKTR	○	○	×	×	○	○
DDPG	○	×	×	×	○	×
DQN	×	○	×	×	×	×
GAIL	○	○	×	×	○	×
HER	○	○	×	○	×	×
PPO1	○	○	○	○	○	×
PPO2	○	○	○	○	○	○
SAC	○	×	×	×	×	×
TD3	○	×	×	×	×	×
TRPO	○	○	○	○	○	×

「Box」「Discrete」「MultiDiscrete」「MultiBinary」は行動空間の型として利用可能かどうか、「Multi Processing」はマルチプロセッシングが可能かどうか（4-6 節で解説）、「Recurrent」は過去の記憶を使った学習（LSTM）が可能かどうかになります。「PPO」には「PPO1」と「PPO2」の 2 種類ありますが、「PPO2」が GPU にも対応した最新版です。

なお、各強化学習アルゴリズムについて詳しくは、次節「4-2 強化学習アルゴリズムの分類と特徴」で解説します。

「Stable Baselines」の概要がわかったところで、インストールして動作確認を行ってみましょう。

Stable Baselines のインストール【macOS】

macOS 環境でのインストールは、次の手順で行います。

(01) システムパッケージのインストール

各種システムパッケージをインストールするには、以下のコマンドを入力します。

```
$ brew install cmake openmpi
```

(02) Stable Baselines のインストール

「Stable Baselines」をインストールするには、「Anaconda」で作成した Python 3.6 の仮想環境で、以下のコマンドを入力します。なお、TensorFlow は「1.14.0」を利用します。

```
$ pip install stable-baselines[mpi]
$ pip install tensorflow==1.14.0
$ pip install pyqt5
$ pip install imageio
```

 ## Stable Baselines のインストール【Windows】

Windows 環境でのインストールは、次の手順で行います。

01 システムパッケージのインストール

Windows では、システムパッケージとして「Microsoft MPI」が必要になります。以下のサイトから「msmpisetup.exe」をダウンロードして、インストーラを実行してください。

Microsoft MPI v10.0
https://www.microsoft.com/en-us/download/details.aspx?id=57467

02 Stable Baselines のインストール

「Stable Baselines」をインストールするには、「Anaconda」で作成した Python 3.6 の仮想環境で、以下のコマンドを入力します。なお、TensorFlow は「1.14.0」を利用します。

```
$ pip install stable-baselines[mpi]
$ pip install tensorflow==1.14.0
$ pip install pyqt5
$ pip install imageio
```

COLUMN

MPI（Message Passing Interface）とは

「MPI」（Message Passing Interface）は、並列コンピューティングを利用するための標準化された規格および実装です。「Stable Baselines」では、「DDPG」「GAIL」「PPO1」「TRPO」のマルチプロセッシングの実装に「MPI」が使われています。

 ## Stable Baselines のインストール【Ubuntu】

Linux（Ubuntu）環境でのインストールは、次の手順で行います。

01 システムパッケージのインストール

各種システムパッケージをインストールするには、以下のコマンドを入力します。

```
$ sudo apt-get update && sudo apt-get install cmake libopenmpi-dev
python3-dev zlib1g-dev
```

 Stable Baselines のインストール

「Stable Baselines」をインストールするには、「Anaconda」で作成した Python 3.6
の仮想環境で、以下のコマンドを入力します。なお、TensorFlow は「1.14.0」を利用し
ます。

```
$ pip install stable-baselines[mpi]
$ pip install tensorflow==1.14.0
$ pip install pyqt5
$ pip install imageio
```

 Stable Baselines の動作確認

インストールが正常に行われたかどうかを確認してみましょう。Stable Baselines の
強化学習アルゴリズムの１つ「PPO2」を使って、前章でも取り上げた「CartPole」を
学習させます。

hello_baselines.py

```
import gym
from stable_baselines.common.vec_env import DummyVecEnv
from stable_baselines import PPO2

# 環境の生成
env = gym.make('CartPole-v1')
env = DummyVecEnv([lambda: env]) #(1)
```

```
# モデルの生成(2)
model = PPO2('MlpPolicy', env, verbose=1)

# モデルの学習(3)
model.learn(total_timesteps=100000)

# モデルのテスト
state = env.reset()
for i in range(200):
    # 環境の描画
    env.render()

    # モデルの推論(4)
    action, _ = model.predict(state, deterministic=True)

    # 1ステップ実行
    state, rewards, done, info = env.step(action)

    # エピソード完了
    if done:
        break

# 環境のクローズ
env.close()
```

◖(1) 環境をベクトル化環境でラップ

「PPO2」は、マルチプロセッシングで訓練可能な強化学習アルゴリズムです。このような環境を学習させるには、「環境」を「ベクトル化環境」でラップする必要があります。「ベクトル化環境」には、以下の2種類があります。

なお、ベクトル化環境の詳細は、「4-6 マルチプロセッシングの概要と実装」で解説します。

表 4-1-3 ベクトル化環境の種類

ベクトル化環境ラッパー	説明
DummyVecEnv	全環境を同じプロセスで実行
SubprocVecEnv	各環境を個別のプロセスで実行

「ベクトル化環境」のコンストラクタに渡す引数には、環境を返す関数を指定します。環境数1の時は、[lambda: env] で環境を1つ指定します。

```
env = DummyVecEnv([lambda: env])
```

◖(2) モデルの生成

はじめに、「PPO2」の「モデル」を生成します。「モデル」は、任意の強化学習アルゴリズムによって、入力に対する正しい出力を学習するオブジェクトです。「モデル」のコンストラクタの主な引数は、「方策」と「環境」と「ログの詳細表示」になります。

今回は、「方策」に 'MlpPolicy'、「環境」に env、「ログの詳細表示」に1を指定しています。

```
model = PPO2('MlpPolicy', env, verbose=1)
```

◎方策

「Stable Baselines」には、以下の「方策」が用意されています。入力が「特徴量」（ロボットの関節など）の時は「MlpPolicy」、入力が「画像データ」の時は「CnnPolicy」が適しています。

表 4-1-4 Stable Baselines の方策

方策	説明
MlpPolicy	MLPを使用する方策
MlpLstmPolicy	MLPとLSTMを使用する方策
MlpLnLstmPolicy	MLPとlayer normalized LSTMを使用する方策
CnnPolicy	CNNを使用する方策
CnnLstmPolicy	CNNとLSTMを使用する方策
CnnLnLstmPolicy	CNNとlayer normalized LSTMを使用する方策

この表に説明に含まれる用語を、簡単に解説しておきます。

・MLP（Multilayer Perceptron）

「MLP」は「多層パーセプトロン」とも呼ばれ、入力層と隠れ層と出力層が全結合である、もっとも単純なニューラルネットワークです。

・CNN（Convolutional Neural Network）

「CNN」は「畳み込みニューラルネットワーク」とも呼ばれ、「畳み込み層」を使って特徴を抽出するニューラルネットワークで、画像認識の分野でより高い性能を発揮します。

・LSTM（Long Short-Term Memory）

「LSTM」は、時系列を扱うニューラルネットワークで、主に動画分類、自然言語処理、音声認識などに利用されます。

強化学習では、通常「現在の環境」の状態に応じて「エージェント」が「行動」を決定しますが、「LSTM」を利用することで「過去の環境」の状態も「行動」決定の判断材料に使えるようになります。つまり、「エージェント」に「記憶」を持たせることができるようになります。

◎ログの詳細表示

「verbose」には、ログの詳細表示の内容を指定します。今回は「1」で「訓練情報」を表示しています。

表 4-1-5 ログの詳細表示

定数	説明
0	なし
1	訓練情報
2	TensorFlowデバッグ

◎**生成されるモデル**

生成された「モデル」（model）には、learn()、predict()、save()、load() といった、共通メソッドを利用できます。モデルの保存と読み込みは、「4-4 モデルの保存と読み込み」で行います。

表 4-1-6 モデルの共通メソッド

メソッド	説明
learn()	訓練
predict()	推論
save()	モデルの保存
load()	モデルの読み込み

▶ （3）モデルの学習

モデルの学習を行うには、learn() を使います。引数の「total_timesteps」は、訓練するステップ数です。

```
model.learn(total_timesteps=100000)
```

▶ （4）モデルの推論

モデルの推論を行うには、predict() を使います。引数は「現在の状態」で、戻り値は「行動」と「LSTM 状態」です。「LSTM 状態」は、「LSTM」の「方策」を利用した時にだけ利用します。通常は使わないので、「_」（未使用）で受け取ります。

また、PPO や A2C など一部のポリシーはデフォルトで確率論的（ある状態に対して行動が一意に決まらない）で、predict() の引数「deterministic=True」を指定することで決定論的（ある状態に対して行動が一意に決まる）にすることができます。これにより、パフォーマンスが向上することがよくあります。

```
action, _ = model.predict(state, deterministic=True)
```

COLUMN

推論と予測

「推論」と「予測」は、強化学習のドキュメントでは同じような意味で使われますが、正確には次のような違いがあります。

- **推論（inference）**：現在の一部の情報をもとに、現在の全体の値を算出
- **予測（prediction）**：現在の情報をもとに、未来のある値を算出

▶ コードを実行して、学習結果を確認

作成したコードを実行してみましょう。

```
$ python hello_baselines.py
```

モデルの学習が開始され、次のようなログが表示されます。100000 ステップの訓練が完了するまで、MacBook Pro で 40 秒ほどかかります。

```
--------------------------------------
| approxkl           | 8.6919084e-05 |
| clipfrac           | 0.0           |
| explained_variance | -0.000483     |
| fps                | 443           |
| n_updates          | 1             |
| policy_entropy     | 0.6930789     |
| policy_loss        | -0.0024873326 |
| serial_timesteps   | 128           |
| time_elapsed       | 3.1e-06       |
| total_timesteps    | 128           |
| value_loss         | 54.57497      |
--------------------------------------
（省略）
--------------------------------------
| approxkl           | 0.00069648086 |
| clipfrac           | 0.001953125   |
| explained_variance | 0.34          |
| fps                | 2435          |
| n_updates          | 781           |
| policy_entropy     | 0.40992442    |
| policy_loss        | -0.0041856417 |
| serial_timesteps   | 99968         |
| time_elapsed       | 42.8          |
| total_timesteps    | 99968         |
| value_loss         | 0.00086137344 |
--------------------------------------
```

学習後、ゲーム画面が表示され、棒のバランスが取れるようになったことがわかります。

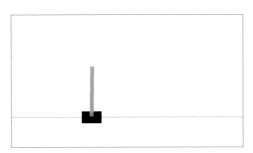

図 **4-1-3** 「PPO2」での学習後の CartPole

この PPO の学習時のログは、基本的に PPO の強化学習アルゴリズム実装者向けの情報になります。

強化学習アルゴリズム利用者が学習状況を監視する方法については、「4-3 平均報酬と平均エピソード長の出力と Monitor の利用」「4-5 TensorBoard とコールバックによる

学習状況の監視」で解説します。

表 4-1-7 PPO の学習時のログ

ログの項目	説明
approxkl	新しい方策から古い方策へのKullback-Leibler発散尺度
clipfrac	クリップ範囲ハイパーパラメータが使用される回数の割合
explained_variance	誤差の分散
fps	1秒あたりのフレーム数
n_updates	更新回数
policy_entropy	方策のエントロピー
serial_timesteps	1つの環境でのタイプステップ数
time_elapsed	経過時間
total_timesteps	全環境でのタイムステップの数
value_loss	価値関数更新時の平均損失

さまざまな強化学習ライブラリ

「Stable Baselines」以外にも、強化学習ライブラリはいろいろあります。

実装済みアルゴリズムの数は「Coach」、分散アルゴリズム（Ape-X、IMPALA など）は「RLlib」が充実しています。ソースコードが読みやすいのは「Stable Baselines」になります。

Coach
https://github.com/NervanaSystems/coach

ライブラリ：TensorFlow

アルゴリズム：DQN、Double-DQN、Dueling Q Network、C51、MMC、PAL、QR-DQN、NSQ、NEC、NAF、Rainbow、PG、A3C/A2C、DDPG、PPO、GAE

RLLib
https://ray.readthedocs.io/en/latest/rllib.html

ライブラリ：TensorFlow、PyTorch

アルゴリズム：DQN、Double-DQN、Dueling Q Network、Rainbow、Ape-X、PG、A3C/A2C、DDPG、PPO、IMPALA

Dopamine
https://github.com/google/dopamine

ライブラリ：TensorFlow

アルゴリズム：DQN、Double-DQN、C51、Rainbow、IQN、A3C/A2C

強化学習アルゴリズムの分類と特徴

前節では、Stable Baselines がサポートしている強化学習アルゴリズムの一覧を示しましたが、ここでは強化学習についてより踏み込んだ解説をしておきます。また、強化学習と対になって使われることが多い「模倣学習」の概要も紹介します。

強化学習アルゴリズムの分類と概要

「強化学習」の学習アルゴリズムの分類方法には、「モデルベース/モデルフリー」「オンポリシー/オフポリシー」があります。

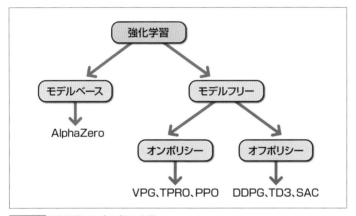

図 4-2-1 強化学習アルゴリズムの分類

モデルベース/モデルフリー

「強化学習アルゴリズム」の最も重要な分類方法の１つは、エージェントが「環境モデル」を使用する（または学習できる）かどうかです。「環境モデル」は、状態遷移と報酬を予測する関数を意味します。

環境モデルを使用するアルゴリズムを「モデルベース」（Model-Based）、使用しないアルゴリズムを「モデルフリー」（Model-Free）と呼びます。

◎モデルベース

モデルベースの利点は、エージェントが先を考え、可能な選択肢の範囲で何が起こるかを見て、行動を決定できることです。エージェントは、事前に計画した結果を学習済みポリシーに抽出できます。

このアプローチで特に有名な例は、囲碁の世界チャンピオンを破った「AlphaZero」です。「MCTS」（Monte Carlo Tree Search）と呼ばれる学習アルゴリズムを使っています。これが機能すると、モデルを持たないメソッドよりも、サンプル効率が大幅に向上（学習に必要なステップ数が少ない）します。

モデルベースの欠点は、通常はエージェントが環境の真実のモデルを使用できないことです。エージェントがモデルを使用する場合、経験から環境モデルを学習する必要があり、これによりいくつかの課題が生じます。最大の課題は、エージェントが環境モデルの偏りを悪用する可能性があることです。

その結果、学習した環境モデルに対しては優れたパフォーマンスを発揮しますが、実際の環境では動作が最適化されなくなります。環境モデルの学習は基本的に難しいので、現在のところ時間を費やして計算しようとしても、なかなか成果を上げることができていません。

- AlphaZero ／ 2017 年
  ハンディキャップなしに囲碁のプロ棋士を破った初めてのゲーム AI「AlphaGo」の改良版で、囲碁だけでなくチェスや将棋も学習できます。旧来から使われている「モンテカルロ木探索」をベースとしており、この「探索」の「先読みする力」に、「深層学習」の局面から最善手を予測する「直感」と、「強化学習」の自己対戦による「経験」を組み合わせています。

◎モデルフリー

モデルフリーの利点は、モデルの使用によるサンプル効率の潜在的な向上は見られませんが、実装および調整が容易なことです。ここ数年成果を上げているビデオゲームを攻略する学習アルゴリズムは、このモデルフリーなります。

▶ オンポリシー／オフポリシー

モデルフリーの学習アルゴリズムの分類方法の 1 つに、「オンポリシー」（on-policy）と「オフポリシー」（off-policy）があります。

◎オンポリシー

オンポリシーは、現在のポリシーで得られた経験のみを利用して、新しいポリシーを予測します。過去の経験を利用するため、サンプル効率は低い（学習に必要なステップ数が多い）です。しかし、過去のポリシーで得た経験は利用しないため、学習が安定（時間をかければ優れたポリシーが得られる）します。

主なオンポリシーの強化学習アルゴリズムとして、「VPG」「TPRO」「PPO」があります。「TPRO」「PPO」は「VPG」の子孫であり、サンプル効率の不足を補うための技術は進歩しています。

- VPG（Vanilla Policy Gradient）／ 1992 年
  「VPG」は、高い報酬が得られる行動を優先し、低い報酬しか得られない行動を避けるように方策を最適化する学習法です。

- TRPO（Trust Region Policy Optimization）／ 2015 年
  「TRPO」は、「VPG」の学習が安定するように改良した学習法です。方策の更新をパラメータ空間の範囲内にすることによって、大幅な更新が発生しないようにしています。

- PPO（Proximal Policy Optimization）／ 2017 年

　「PPO」は、「TRPO」を計算量を削減するように改良した学習法です。使いやすさと優れたパフォーマンスのバランスが採れているため、「OpenAI」のデフォルトの強化学習アルゴリズムになっています。

　「Stable Baselines」には「PPO1」と「PPO2」の2種類ありますが、「PPO2」がGPUにも対応した最新版になります。

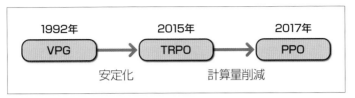

図 4-2-2 オンポリシーの強化学習アルゴリズムの系譜

◎オフポリシー

　オフポリシーは、保存された過去の経験を利用して、現在のポリシーを予測します。過去の経験を利用するため、サンプル効率は高い（学習に必要なステップ数が少ない）です。経験的には優れたパフォーマンスを得ることができますが、優れたポリシーが得られるという保証はなく、潜在的に脆弱で不安定と言われています。

　主なオフポリシーの強化学習アルゴリズムとして、「DDPG」「TD3」「SAC」があります。「TD3」「SAC」は「DDPG」の子孫であり、不安定さを補うための技術は進歩しています。

- DDPG（Deep Deterministic Policy Gradient）／ 2015 年

　「DDPG」は、Q関数（行動価値関数）と方策を同時に学習する学習法です。連続行動空間に対応した「DQN」（Deep Q Network）と考えることもできます。

- TD3（Twin Delayed DDPG）／ 2018 年

　「TD3」は、「DDPG」の学習が安定するように改良した学習法です。

- SAC（Soft Actor-Critic）／ 2019 年

　「SAC」は、「DDTP」「TD3」と同様にQ関数を用いた学習法で、「エントロピー」という概念を導入しています。

　「エントロピー」とは「探索と活用のトレードオフ」として知られる現象を司る概念で、「エントロピー」が増えることにより探索が選択されるようになり、結果として学習が継続されるようになります。これにより、方策が局所最適解に陥るのを防ぎます。

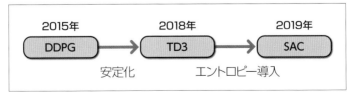

図 4-2-3 オフポリシーの強化学習アルゴリズムの系譜

そのほかの強化学習アルゴリズム

　本文では取り上げなかったそのほかの強化学習アルゴリズムについても、簡単に紹介しておきます。

- DQN（Deep Q-network）／ 2013 年

　「DQN（Deep Q-network）」は、古典的なアルゴリズム「Q 学習」に「深層学習」を組み合わせることで、さまざまな Atari ゲームを攻略できることを示した、画期的な学習法です。深層強化学習のブームを作り出しました。
　「Stable Baselines」では、DQN の拡張機能である「Dueling DQN」「Double-Q Learning」「Prioritized Experience Replay」も利用できます。

- A3C（Advantage Actor-Critic）／ 2016 年

　「A3C」は、「方策」と「価値関数」の両方を利用した学習法です。「方策」は行動選択に用いられるため「Actor」と呼ばれ、「価値関数」を予測する部分は、Actor が選択した行動を批判するため「Critic」と呼ばれています。これは「Actor-Critic」と呼ばれ、後の強化学習アルゴリズムに大きく影響を与えました。

- A2C（Advantage Actor-Critic）／ 2016 年

　「A2C」は、「A3C」を分散同期にした学習法です。

- ACER（Actor-Critic with Experience Replay）／ 2016 年

　「ACER」は、「A3C」をオフポリシーに書き換えて、「Experience Replay」を利用できるようにした学習法です。

- ACKTR（Actor Critic using Kronecker-Factored Trust Region）／ 2017 年

　「ACKTR」は、「TRPO」と「Actor-Critic」を組み合わせた学習法です。

- HER（Hindsight Experience Replay）／ 2017 年

　「HER」は、失敗からも学ぶ強化学習アルゴリズムの学習法です。強化学習では、最初の試みで成功することは、ほとんどありません。非常に幸運でない限り、次のいくつかの試みも成功しない可能性があります。報酬を受け取らなければ、その経験からは何も学習しません。
　しかし、特定の目標を達成していない場合でも、少なくとも別の目標は達成しています。この置換を行うことにより、強化学習アルゴリズムは何らかの目標を達成したとして、報酬を取得します。このプロセスを繰り返すことで、最終的に、本当に達成したい目標を含む、任意の目標を達成する方法を学習します。

強化学習アルゴリズムの分類と特徴

模倣学習の種類と概要

「模倣学習」は、教師となる人間の一連の行動（「デモ」と呼ぶ）を模倣することで、タスクを攻略する学習法です。「デモ」と同じ行動を採ることで「報酬」がもらえる「強化学習」ですが、「デモ」という「正解データ」がある「教師あり学習」でもあります。

また、「模倣学習」は「強化学習」の支援にも利用できます。特に、報酬が少ない（または希少な）環境では、エージェントがなかなか報酬にたどり着くことができないため、学習が進まないことがよくあります。そんな時は、エージェントが報酬にたどりつく行動を、人間が教えてあげたほうがより簡単になります。

- BC（Behavioral Cloning）／ 1999 年

  「BC」は、この状態が来たらデモではどの行動を行っているかを「教師あり学習」で学習する手法です。「BC」の特徴は、次のとおりです。

  - 高速
  - デモの軌跡を忠実に学習
  - 多数のデモが必要

  「Stable Baselines」では事前学習が可能なので、「BC」で事前学習によって希少な報酬を得る行動を覚えた後、別の強化学習アルゴリズムで試行錯誤的に訓練することができます。そのため、クラスではなくメソッドとして実装されています。

- GAIL（Generative Adversarial Imitaiton Learning）／ 2016 年

  「GAIL」は、「GAN」（Generative Adversarial Network）の手法によって「模倣学習」を行う手法です。

  「GAN」では、「Generator」と「Discriminator」という 2 つのモデルを使います。「Generator」は「教師データ」と似たデータを生成しようとします。「Discriminator」はデータが「教師データ」か「Generator が生成したデータ」かを識別しようとします。「GAIL」ではこの仕組みを使って、デモの生成と識別を学習します。

  「GAIL」の特徴は、次のとおりです。

  - デモの数が少なくても学習効果を発揮
  - 事前学習は不可（Stable Baselines の制限）
  - 画像による訓練は未対応（Stable Baselines の制限）

GANの「Generator」と「Discriminator」の関係

GANの「Generator」と「Discriminator」の関係は、紙幣の偽造者と警察の関係によく例えられます。偽造者は本物の紙幣と似ている偽造紙幣を作ろうとし、警察は本物の紙幣と偽造紙幣を見分けようとします。

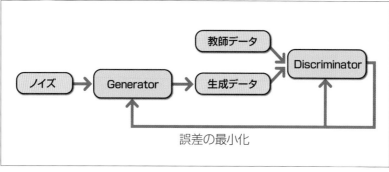

図 GANの「Generator」と「Discriminator」の関係

Unity ML-Agentsの「BC」と「GAIL」

Unityで強化学習を行うフレームワーク「Unity ML-Agents」でも、模倣学習として「BC」「GAIL」をサポートしています。「Stable Baselines」とは違い、「GAIL」は事前学習が可能ですが、「BC」は事前学習が不可になります。

平均報酬と平均エピソード長の出力とMonitor の利用

強化学習では、利用者が必要なパラメータをセットして学習を行いますが、それにより強化学習がきちんと行われているかどうかを確認する必要があります。この節では、そのために重要な「平均報酬」と「平均エピソード長」を使った監視方法を解説します。

「平均報酬」と「平均エピソード長」の概要

冒頭の「4-1 Stable Baselines の概要とインストール」で学習時にログ出力を行いましたが、学習状況の監視で一番重要な「平均報酬」と「平均エピソード長」が出力されていません。

- **平均報酬**：過去のエピソードの累計報酬の平均
- **平均エピソード長**：過去のエピソードのエピソード長の平均

この節では「Monitor」を使って、「平均報酬」と「平均エピソード長」の出力方法と、「Monitor」の使い方を解説します。

「平均報酬」と「平均エピソード長」を出力するコードの詳細

「平均報酬」と「平均エピソード長」を出力するコードは、次のとおりです。

```python
import gym
import os
from stable_baselines.common.vec_env import DummyVecEnv
from stable_baselines import PPO2
from stable_baselines.bench import Monitor

# ログフォルダの生成(1)
log_dir = './logs/'
os.makedirs(log_dir, exist_ok=True)

# 環境の生成
env = gym.make('CartPole-v1')
env = Monitor(env, log_dir, allow_early_resets=True) #(2)
env = DummyVecEnv([lambda: env])

# モデルの生成
model = PPO2('MlpPolicy', env, verbose=1)
```

```
# モデルの学習
model.learn(total_timesteps=10000)

# モデルのテスト
state = env.reset()
for i in range(200):
    # 環境の描画
    env.render()

    # モデルの推論
    action, _ = model.predict(state)

    # 1ステップ実行
    state, rewards, done, info = env.step(action)

    # エピソード完了
    if done:
        break

# 環境のクローズ
env.close()
```

▶ (1) ログフォルダの生成

「Monitor」は、「monitor.csv」という名前のログファイルを出力します。そこで、その出力先となるフォルダを生成します。今回は「./logs/」を生成しました。

フォルダを生成するには、os.makedirs() を使います。引数は生成するフォルダが既に存在した場合、正とするかどうかになります。「exist_ok=True」を指定しないと、フォルダが存在した時にエラーになります。

```
log_dir = './logs/'
os.makedirs(log_dir, exist_ok=True)
```

▶ (2) 環境を Monitor でラップ

「Monitor」は、「報酬, エピソード長, 時間」を「monitor.csv」に出力する環境ラッパーです。「Monitor」の引数は、環境と出力先パスです。「allow_early_resets」は、環境のリセットを訓練開始前に許可するかどうかを指定します。

```
env = Monitor(env, log_dir, allow_early_resets=True)
```

▶ コードを実行して、ログ出力を確認

作成したコードを実行してみます。

```
$ python monitor_mean.py
```

実行すると、次のようなログが表示されます。「ep_len_mean」（平均報酬）と「ep_reward_mean」（平均エピソード長）が追加されていることに注目してください。

```
------------------------------------
| approxkl          | 0.00014154204 |
| clipfrac          | 0.0           |
| ep_len_mean       | 16.9          |
| ep_reward_mean    | 16.9          |
| explained_variance | -0.0296      |
| fps               | 470           |
| n_updates         | 1             |
| policy_entropy    | 0.69296664    |
| policy_loss       | -0.0026519364 |
| serial_timesteps  | 128           |
| time_elapsed      | 9.54e-07      |
| total_timesteps   | 128           |
| value_loss        | 28.000538     |
------------------------------------
（省略）
------------------------------------
| approxkl          | 0.00019228653 |
| clipfrac          | 0.0           |
| ep_len_mean       | 407           |
| ep_reward_mean    | 407           |
| explained_variance | 0.864        |
| fps               | 2531          |
| n_updates         | 781           |
| policy_entropy    | 0.4127276     |
| policy_loss       | -0.00022338866 |
| serial_timesteps  | 99968         |
| time_elapsed      | 40.5          |
| total_timesteps   | 99968         |
| value_loss        | 0.0014131003  |
------------------------------------
```

「CartPole」では、学習によって「ep_len_mean」と「ep_reward_mean」が増えていることがわかります。

「平均報酬」は、徐々に増えていくことが期待されます。「平均エピソード長」は、「CartPole」のように生存が長いほうがよいタスクでは、徐々に増えることが期待され、「迷路」のようにゴールまでの時間が短いほうがよいタスクの場合は、徐々に減ることが期待されます。

Monitor ログのグラフ表示

出力された Monitor ログ「monitor.csv」をエディタで開くと、次のような情報が閲

覧できます。エピソード毎の「報酬，エピソード長，経過時間」になります。

```
#{"t_start": 1572399518.478391, "env_id": "CartPole-v1"}
r,l,t
10.0,10,0.542037
21.0,21,0.550813
15.0,15,0.556905
11.0,11,0.561155
19.0,19,0.568743
23.0,23,0.576989
19.0,19,0.581749
15.0,15,0.776724
（省略）
```

Monitor ログをグラフ表示するコードは、次のとおりです。

monitor_plot.py

```python
import pandas as pd
import matplotlib.pyplot as plt

# monitor.csvの読み込み(1)
df = pd.read_csv('./logs/monitor.csv', names=['r', 'l','t'])
df = df.drop(range(2)) # 1〜2行目の削除

# 報酬のグラフの表示(2)
x = range(len(df['r'])) # エピソードのインデックス
y = df['r'].astype(float) # 報酬
plt.plot(x, y)
plt.xlabel('episode')
plt.ylabel('reward')
plt.show()

# エピソード長のグラフの表示(2)
x = range(len(df['l'])) # エピソードのインデックス
y = df['l'].astype(float) # エピソード長
plt.plot(x, y)
plt.xlabel('episode')
plt.ylabel('episode len')
plt.show()
```

▶ (1) CSV の読み込み

データ分析を行うためのライブラリ「pandas」を使って CSV を読み込み、ヘッダとなる 1 〜 2 行目を削除します。

表 4-3-1 ライブラリ「pandas」のメソッド

メソッド	説明
`pd.read_csv(csv_name)`	CSVの読み込み。読み込んだテーブルデータの型はDataFrame
`df.drop(range)`	テーブルデータの指定行の削除

（2）グラフの表示

グラフ表示のためのパッケージ「matplotlib」を使って、グラフを表示します。

表 4-3-2 パッケージ「matplotlib」のメソッド

メソッド	説明
`plt.plot(x, y)`	x軸の値（配列）とy軸の値（配列）の指定
`plt.xlabel(label)`	X軸のラベル指定
`plt.ylabel(label)`	Y軸のラベル指定
`plt.show()`	グラフの表示

今回は、エピソード毎の報酬を表示するグラフと、エピソード毎のエピソード長を表示するグラフをプロットしました。「CartPole」では、報酬とエピソード長が同じグラフになります。

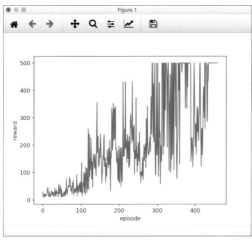

図 4-3-1 エピソード毎の報酬を表示するグラフ

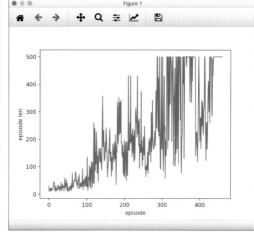

図 4-3-2 エピソード毎のエピソード長を表示するグラフ

モデルを利用するたびに毎回学習するのでは、時間がかかってしまいます。そこでこの節では、学習したモデルを保存して、あとで読み込んで利用できるようにします。

モデルの保存

はじめに、学習したモデルを保存するコードを作成します。

`model_save.py`

```python
import gym
from stable_baselines.common.vec_env import DummyVecEnv
from stable_baselines import PPO2

# 環境の生成
env = gym.make('CartPole-v1')
env = DummyVecEnv([lambda: env])

# モデルの生成
model = PPO2('MlpPolicy', env, verbose=1)

# モデルの学習
model.learn(total_timesteps=100000)

# モデルの保存(1)
model.save('sample')
```

(1) モデルの保存

モデルの保存を行うには、model.save() を使います。「Stable Baselines」の保存では、現在の「重み」だけではなく、「ハイパーパラメータ」もいっしょに保存します。

そのため、モデルを読み込んだ後もハイパーパラメータを再設定せずに、学習を再開できます。

「ハイパーパラメータ」とは、人工知能が自動的に学習しない、人間が指定する必要があるパラメータのことです。詳しくは、「4-8 Stable Baselines Zoo による学習済みモデルの実行」と次の 5 章「5-3 ハイパーパラメータの調整」で解説します。

コードの実行

作成したコードを実行します。成功すると、保存名に「sample」と指定したので、「sample.zip」という名前で「モデルファイル」が生成されます。

```
$ python model_save.py
```

モデルの読み込み

次にモデルを読み込み、テストするコードを作成します。

```python
# model_load.py
import gym
from stable_baselines.common.vec_env import DummyVecEnv
from stable_baselines import PPO2

# 環境の生成
env = gym.make('CartPole-v1')
env = DummyVecEnv([lambda: env])

# モデルの読み込み(1)
model = PPO2.load('sample')

# モデルのテスト
state = env.reset()
for i in range(200):
    # 環境の描画
    env.render()

    # モデルの推論
    action, _ = model.predict(state)

    # 1ステップ実行
    state, rewards, done, info = env.step(action)

    # エピソード完了
    if done:
        break

# 環境のクローズ
env.close()
```

(1) モデルの読み込み

モデルの読み込みは、load() を使います。PPO2 の場合は、PPO2.load() を使います。

コードの実行

作成したコードを実行してみます。

```
$ python model_load.py
```

「CartPole-v1」が表示され、棒のバランスが取れていることを確認してください。

モデルファイルのファイル形式

モデルファイル（今回は sample.zip）は zip ファイルなので、解凍して中身を確認することができます。解凍すると、「data」「parameter_list」「parameters」の 3 つのファ

イルが含まれています。

表 4-4-1 モデルファイルのファイル形式

ファイル	ファイル形式	説明
data	JSON	ハイパーパラメータの辞書
parameter_list	JSON	paramsに含まれる重みパラメータのリスト
parameters	ZIP	重みパラメータのバイナリファイル群

「data」には、以下のような情報が含まれています。

```
{
    "gamma": 0.99,
    "n_steps": 128,
    "vf_coef": 0.5,
    "ent_coef": 0.01,
    "max_grad_norm": 0.5,
    (省略)
}
```

「parameter_list」には、以下のような情報が含まれています。

```
[
    "model/pi_fc0/w:0",
    "model/pi_fc0/b:0",
    "model/vf_fc0/w:0",
    "model/vf_fc0/b:0",
    "model/pi_fc1/w:0",
    (省略)
]
```

「parameters」を zip で解凍すると、次のようなフォルダ構造になっています。npy ファイルは、重みパラメータとなる NumPy 配列のバイナリファイルになります。

- model
  - pi_fc0
    - w/0.npy
    - b/0.npy
  - vf_fc0
    - w/0.npy
    - b/0.npy
    (省略)

COLUMN

保存したモデルファイルのエクスポート

　保存したモデルファイルを「Tensorflow.js」や「Java」にエクスポートすることも可能です。詳しくは、以下を参照してください。

Exporting models
https://stable-baselines.readthedocs.io/en/master/guide/export.html

モデルの保存と読み込み

TensorBoardとコールバックによる学習状況の監視

学習状況の監視には、これまで説明した「verbose」と「Monitor」のほかに、「TensorBoard」と「コールバック」による監視があります。

学習状況の監視の種類

学習状況を監視する手法としては、表4-5-1の4種類があります。ここでは、これまで紹介していない「TensorBoard」と「コールバック」による監視の方法を解説します。

表4-5-1 学習状況の監視の種類

学習状況の監視	説明
verbose	標準出力に訓練情報、またはTensorFlowデバッグを出力
Monitor	monitor.csvに平均報酬とエピソード長を出力
TensorBoard	TensorBoardで平均報酬などを監視
コールバック	PPO2／ACERはnステップ毎（n_step）、DQNなどは1ステップ毎にコールバック関数を呼び出す

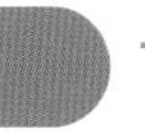

TensorBoardによる学習状況の監視

「TensorBoard」は、「TensorFlow」のデータを可視化するツールです。TensorFlowインストール時にいっしょにインストールされます。これを使うことにより、学習状況をより詳細に観察することができます。

「TensorBoard」のログを出力するコードの詳細

「TensorBoard」のログを出力するコードは、次のとおりです。

tensorboard_watch.py

```python
import gym
import os
from stable_baselines.common.vec_env import DummyVecEnv
from stable_baselines import PPO2

# ログフォルダの生成
log_dir = './logs/'
os.makedirs(log_dir, exist_ok=True)

# 環境の生成
env = gym.make('CartPole-v1')
env = DummyVecEnv([lambda: env])
```

```python
# モデルの生成
model = PPO2('MlpPolicy', env, verbose=1, tensorboard_log=log_dir) #(1)

# モデルの学習
model.learn(total_timesteps=100000)

# モデルのテスト
state = env.reset()
for i in range(200):
    # 環境の描画
    env.render()

    # モデルの推論
    action, _ = model.predict(state)

    # 1ステップ実行
    state, rewards, done, info = env.step(action)

    # エピソード完了
    if done:
        break

# 環境のクローズ
env.close()
```

▶ (1) TensorBoard のログの出力先の指定

「TensorBoard」のログを出力するには、model.learn() の引数「tensorboard_log」に、出力先を指定します。

▶ コードの実行して、ログ出力の確認

作成したコードを実行してみます。

```
$ python tensorboard_watch.py
```

実行すると、logs フォルダに次のような「TensorBoard」のログが出力されます。

- logs
  - PPO2_1
    - events.out.tfevents.1572403346.npaka-mac-3.local

▶ TensorBoard の実行

「TensorBoard」を実行して、「TensorBoard」のログを見るには、次のコマンドを入力します。

```
$ tensorboard --logdir=./logs/
```

Web ブラウザで「http://localhost:6006」を開くことにより、学習後はもちろん、学習中（tensorboard_watch.py の実行中）でもリアルタイムに平均報酬を観察することができます。

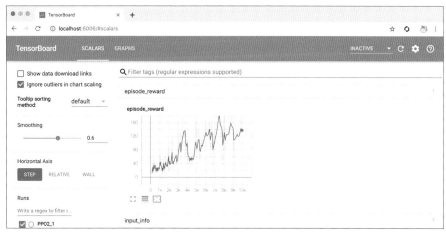

コールバックによる学習状況の監視

　学習中に呼び出されるコールバック関数を定義することで、学習状況を監視することができます。コールバック関数は、別の関数に呼び出してもらうための関数です。これによって、ベストの平均報酬を獲得した時にモデルを保存することができます。

コールバックが呼ばれるタイミング

　PPO2 ／ ACER では n ステップ毎（n_step）、DQN などでは 1 ステップ毎にコールバック関数が呼ばれます。PPO2 の引数「n_step」は、モデル更新に各環境で実行するステップの数です。初期値は 128 なので、128 ステップ毎に呼ばれます。

コールバックのコードの詳細

　コールバックを使い、100 更新毎に過去 100 エピソードの平均報酬を計算し、ベストの平均報酬を越えていたらモデルを保存するコードは、次のとおりです。

callback_watch.py

```python
import gym
import os
import numpy as np
import datetime
import pytz
from stable_baselines.bench import Monitor
from stable_baselines.common.vec_env import DummyVecEnv
from stable_baselines import PPO2
from stable_baselines.results_plotter import load_results, ts2xy
```

```python
# グローバル変数
num_update = 0 # 更新数
best_mean_reward = -np.inf # ベスト平均報酬

# コールバック関数の実装(2)
def callback(_locals, _globals):
    global num_update
    global best_mean_reward

    # 100更新毎の処理(3)
    if (num_update + 1) % 100 == 0:
        # 報酬配列の取得(4)
        _, y = ts2xy(load_results(log_dir), 'timesteps')
        if len(y) > 0:
            # 平均報酬がベスト平均報酬以上の時はモデルを保存(5)
            mean_reward = np.mean(y[-100:])
            update_model = mean_reward > best_mean_reward
            if update_model:
                best_mean_reward = mean_reward
                _locals['self'].save('best_model')

            # ログ
            print("time: {}, num_update: {}, mean: {:.2f}, best_mean:
{:.2f}, model_update: {}".format(
                datetime.datetime.now(pytz.timezone('Asia/Tokyo')),
                num_update, mean_reward, best_mean_reward, update_model))
    num_update += 1
    return True

# ログフォルダの生成
log_dir = './logs/'
os.makedirs(log_dir, exist_ok=True)

# 環境の生成
env = gym.make('CartPole-v1')
env = Monitor(env, log_dir, allow_early_resets=True)
env = DummyVecEnv([lambda: env])

# モデルの生成
model = PPO2('MlpPolicy', env, verbose=0)

# モデルの訓練(1)
model.learn(total_timesteps=100000, callback=callback)
```

▐ (1) コールバック関数の指定方法

コールバック関数を指定するには、エージェントの learn() の callback に指定します。
今回は、「callback」という名前のコールバック関数を定義し、指定しています。

```python
model.learn(total_timesteps=100000, callback=callback)
```

■ (2) コールバック関数の実装

コールバック関数を実装します。引数はローカル変数の辞書とグローバル変数の辞書で、戻り値は学習を継続するかどうかになります。False の時は、学習を即時に停止します。

```
def callback(_locals, _globals):
    <コールバック関数の処理>
```

今回の場合の「_locals」と「_globals」の持つキーは、次のとおりです。

● _locals

```
['loss_name', 'loss_val', 'explained_var', 'fps', 't_now', 'loss_vals',
'slices', 'end', 'timestep', 'start', 'epoch_num', 'inds', 'update_fac',
'mb_loss_vals', 'true_reward', 'ep_infos', 'states', 'neglogpacs',
'values', 'actions', 'masks', 'returns', 'obs', 'cliprange_vf_now',
'cliprange_now', 'lr_now', 'frac', 't_start', 'batch_size', 'update',
'n_updates', 't_first_start', 'ep_info_buf', 'runner', 'writer', 'new_
tb_log', 'cliprange_vf', 'reset_num_timesteps', 'tb_log_name', 'log_
interval', 'seed', 'callback', 'total_timesteps', 'self', 'mbinds']
```

● _globals

```
', '__cached__', '__builtins__', 'time', 'sys', 'multiprocessing',
'deque', 'gym', 'np', 'tf', 'logger', 'explained_variance',
'ActorCriticRLModel', 'tf_util', 'SetVerbosity', 'TensorboardWriter',
'AbstractEnvRunner', 'ActorCriticPolicy', 'RecurrentActorCriticPolicy',
'total_episode_reward_logger', 'PPO2', 'Runner', 'get_schedule_fn',
'swap_and_flatten', 'constfn', 'safe_mean']
```

■ (3) 100 更新毎の処理の定義

100 更新毎の処理を定義するには、グローバル変数「num_update」を準備して、100 回に 1 回だけ処理するようにします。

```
# グローバル変数
num_update = 0 # 更新数
best_mean_reward = -np.inf # ベスト平均報酬

# コールバック関数の実装
def callback(_locals, _globals):
    global num_update
    global best_mean_reward

    # 100更新毎の処理
    if (num_update + 1) % 100 == 0:
        <100更新毎の処理>
    num_update += 1
    return True
```

Pythonの「グローバル変数」は、コード内のどこからでもアクセスできる変数になります。関数内でグローバス変数にアクセスするには、関数の先頭で「global ＜変数名＞」を指定してから利用します。

▶（4）報酬配列の取得

「Monitor」が出力する「monitor.csv」は、エピソード毎の「報酬」「エピソード長」「経過時間」の3つのカラムを持つCSVです。以下のコードで「monitor.csv」を読み込んで、yに「報酬」の配列を取得します。

```
_, y = ts2xy(load_results(log_dir), 'timesteps')
```

load_results()は、「monitor.csv」を読み込んでDataFrameを返します。ts2xy()は、DataFrameをグラフのプロット向けに、X軸とY軸の配列に分割します。今回は'timesteps'を指定しているので、X軸は「ステップ数」、Y軸は「報酬」となります。

▶（5）平均報酬がベスト平均報酬以上の時はモデルを保存

平均報酬がベストの平均報酬以上の時は、モデルを保存します。平均報酬は、np.mean()で計算します。_locals['self']でコールバック関数を呼び出したモデルにアクセスできるので、save()を使ってモデルを保存しています。

```
mean_reward = np.mean(y[-100:])
update_model = mean_reward > best_mean_reward
if update_model:
    best_mean_reward = mean_reward
    _locals['self'].save('best_model')
```

▶ コードの実行して、ログ出力の確認

作成したコードを実行してみます。

```
$ python callback_watch.py
```

実行すると、以下のようなログが出力されます。ベスト平均報酬以上を獲得した時のみ、モデルが更新されていることがわかります。

```
time: 2019-11-04 09:27:09.430960+09:00, num_update: 99, mean: 101.76, best_mean:
101.76, model_update: True
time: 2019-11-04 09:27:14.977707+09:00, num_update: 199, mean: 178.38, best_mean:
（省略）
288.85, model_update: True
time: 2019-11-04 09:27:30.770845+09:00, num_update: 499, mean: 259.97, best_mean:
288.85, model_update: False
time: 2019-11-04 09:27:36.088392+09:00, num_update: 599, mean: 309.48, best_mean:
309.48, model_update: True
time: 2019-11-04 09:27:41.414905+09:00, num_update: 699, mean: 335.04, best_mean:
335.04, model_update: True
```

マルチプロセッシングの概要と実装

これまで強化学習アルゴリズムの詳細と学習状況の監視の方法について解説してきました。この節では、学習をより高速に実行できるようにするための「マルチプロセッシング」の手法を取り上げます。

マルチプロセッシングの概要

「マルチプロセッシング」は、システム内で複数のプロセスを並行に実行することで、学習効率を向上させる手法のことです。

複数環境での学習

「ベクトル化環境」は、複数環境で同時に学習できる環境のことです。4-1 節の強化学習アルゴリズムで紹介した「PPO」のように、複数環境で同時に学習できる強化学習アルゴリズムで学習するには、この「ベクトル化環境」である必要があります。

戻り値の「次の状態」「報酬」「エピソード完了」「情報」も、複数の環境の情報をまとめた配列（ベクトル）になっています。

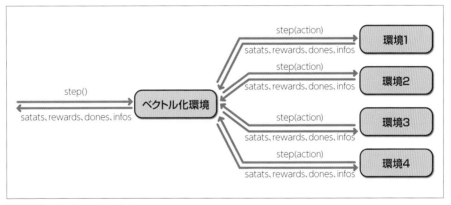

図 4-6-1 複数環境での学習の概念

これには 2 つの利点があります。

● 経験をより迅速に収集できる。
● より多様な経験を収集できる。

ここでいう「経験」は、ステップ実行で収集した「行動」「次の状態」「報酬」「エピソード完了」の情報セットです。

■ 「ベクトル化環境」の種類

「Stable Baselines」は、2 種類の「ベクトル化環境」を提供しています。これまで「ベクトル化環境」として「DummyVecEnv」を使ってきましたが、「SubprocVecEnv」を使うことにより、各環境を別プロセスで並列に実行することができます。

表 4-6-1 ベクトル化環境の種類

ベクトル化環境	説明
DummyVecEnv	全環境を同じプロセスで実行
SubprocVecEnv	各環境を別プロセスで実行

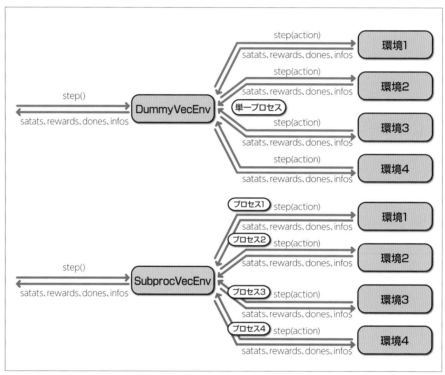

図 4-6-2 ベクトル化環境の概念

ただし、「複数環境」「別プロセス」にすれば、必ず学習効率が上がるわけではありません。CPU コアが 2 ～ 8 ほどの一般的な学習環境では、プロセス間の通信遅延のために、通常「SubprocVecEnv」よりも「DummyVecEnv」のほうが高速になりました。

この節では、マルチプロセッシングのさまざまな設定で学習効果を評価してみます。

■ マルチプロセッシングの実装

はじめに、シンプルなマルチプロセッシングの実装例を説明します。「4 環境」「別プロセス」でマルチプロセッシングを行うコードは、次のとおりです。

```python
import gym
from stable_baselines.common.vec_env import DummyVecEnv
from stable_baselines.common.vec_env import SubprocVecEnv
from stable_baselines import PPO2
from stable_baselines.common import set_global_seeds

# 定数
ENV_ID = 'CartPole-v1' # 環境ID
NUM_ENV = 4 # 環境数

# 環境を生成する関数(1)
def make_env(env_id, rank, seed=0):
    def _init():
        env = gym.make(env_id)
        env.seed(seed + rank)
        return env
    set_global_seeds(seed)
    return _init

# メイン関数の定義(4)
def main():
    # 訓練環境の生成(2)
    train_env = SubprocVecEnv([make_env(ENV_ID, i) for i in range(NUM_
ENV)])

    # エージェントの生成
    model = PPO2('MlpPolicy', train_env, verbose=1)

    # モデルの学習
    model.learn(total_timesteps=10000)

    # テスト環境の生成(3)
    test_env = DummyVecEnv([lambda: gym.make(ENV_ID)])

    # モデルのテスト
    state = test_env.reset()
    for i in range(200):
        # 環境の描画
        test_env.render()

        # モデルの推論
        action, _ = model.predict(state)

        # 1ステップ実行
        state, rewards, done, info = test_env.step(action)

        # エピソード完了
        if done:
            break
```

```
    # 環境のクローズ
    env.close()

# メインの実装(4)
if __name__ == "__main__":
    main()
```

▶ (1) 環境を生成する関数

「複数環境」の利用には、各プロセスから呼び出される「環境を生成する関数」が必要になります。

引数は「環境 ID」「プロセス ID」「乱数シード」で、戻り値は「環境」になります。「プロセス ID」「乱数シード」は、プロセス毎に異なる値を指定してください。

env.seed() は環境ごとの乱数シード、set_global_seeds() は「Python」「TensorFlow」「NumPy」「Gym」の乱数シードを指定します。

```
def make_env(env_id, rank, seed=0):
    def _init():
        env = gym.make(env_id)
        env.seed(seed + rank)
        return env
    set_global_seeds(seed)
    return _init
```

▶ (2) 訓練環境の生成

「複数環境」を生成するには、「ベクトル化関数」の引数に、複数環境を返す関数を指定します。ここで、先ほど生成した「環境を生成する関数」を利用しています。今回は「別プロセス」で実行するので、「SubprocVecEnv」を利用します。

```
train_env = SubprocVecEnv([make_env(ENV_ID, i) for i in range(NUM_ENV)])
```

▶ (3) テスト環境の生成

これまで「訓練環境」と「テスト環境」は同一の 1 つの環境を使用してきましたが、「複数環境」の訓練環境を利用する場合は、それとは別に「1 環境」「単一プロセス」のテスト環境を準備する必要があります。

```
test_env = DummyVecEnv([lambda: gym.make(ENV_ID)])
```

▶ (4) メイン関数の定義と実行

「マルチプロセッシング」の利用時は、メインの関数に「if __name__ == "__main__":」を明記しておかないと、エラーになる場合があります。そこで、次のようにメイン関数の定義と実行を行っています。この if 文は、python コマンドから直接実行したかどうかを判定しています。

```
# メイン関数の定義
def main():
    <メイン関数の中身>

# メイン関数の実装
if __name__ == "__main__":
    main()
```

同一ステップ数での平均報酬と秒間ステップ数の比較

環境数「1, 2, 4, 8, 16」で、5000 ステップ×3 の訓練を行い、「平均報酬」と「秒間ステップ数」（学習速度）を比較します。DummyVecEnv 版と SubprocVecEnv 版の両方で行ってみます。

DummyVecEnv 版のコードの詳細

「DummyVecEnv」版のコードは、次のとおりです。

eval_dummy_5000step.py

```
import gym
import time
import numpy as np
import matplotlib.pyplot as plt
from stable_baselines.common.vec_env import DummyVecEnv
from stable_baselines.common.vec_env import SubprocVecEnv
from stable_baselines import PPO2
from stable_baselines.common import set_global_seeds

# 定数
ENV_ID = 'CartPole-v1' # 環境ID
NUM_ENVS = [1, 2, 4, 8, 16] # 環境数
NUM_EXPERIMENTS = 3 # 実験回数
NUM_STEPS = 5000 # ステップ数
NUM_EPISODES = 20 # エピソード数

# 環境を生成する関数
def make_env(env_id, rank, seed=0):
    def _init():
        env = gym.make(env_id)
        env.seed(seed + rank)
        return env
    set_global_seeds(seed)
    return _init

# 評価関数(1)
def evaluate(model, env, num_episodes=100):
    # 任意回数のエピソードを実行
    all_episode_rewards = [] # 任意回数のエピソードの平均報酬
    for i in range(num_episodes):
        episode_rewards = [] # 1エピソードの平均報酬
```

```
            done = False
            state = env.reset()
            while not done:
                action, _ = model.predict(state)
                state, reward, done, info = env.step(action)
                episode_rewards.append(reward) # 1ステップの報酬の追加
            all_episode_rewards.append(sum(episode_rewards)) # 1エピソードの報酬
の追加

    # 平均報酬の計算
    return np.mean(all_episode_rewards)

# メイン関数の定義
def main():
    # 訓練と評価
    reward_averages = []
    reward_std = []
    training_times = []
    total_env = 0
    for num_envs in NUM_ENVS:
        total_env += num_envs
        print('process:', num_envs)

        # 訓練環境の生成
        train_env = DummyVecEnv([make_env(ENV_ID, i+total_env) for i in
range(num_envs)])

        # 評価環境の生成
        eval_env = DummyVecEnv([lambda: gym.make(ENV_ID)])

        # 任意回数の実験実行
        rewards = []
        times = []
        for experiment in range(NUM_EXPERIMENTS):
            # 訓練
            train_env.reset()
            model = PPO2('MlpPolicy', train_env, verbose=0)
            start = time.time()
            model.learn(total_timesteps=NUM_STEPS)
            times.append(time.time() - start) # 1訓練の時間の追加

            # 評価
            mean_reward = evaluate(model, eval_env, num_episodes=NUM_
EPISODES)
            rewards.append(mean_reward) # 1評価の平均報酬の追加

        # 環境のクローズ
        train_env.close()
        eval_env.close()

        # 統計の収集(2)
        reward_averages.append(np.mean(rewards)) # 平均報酬
        reward_std.append(np.std(rewards)) # 標準偏差
```

```
        training_times.append(np.mean(times)) # 時間

    # 環境数と平均報酬 (3)
    plt.errorbar(NUM_ENVS, reward_averages, yerr=reward_std, capsize=2)
    plt.xlabel('number of envs')
    plt.ylabel('mean reward')
    plt.show()

    # 環境数と秒間ステップ数 (3)
    training_steps_per_second = [NUM_STEPS / t for t in training_times]
    plt.bar(range(len(NUM_ENVS)), training_steps_per_second)
    plt.xticks(range(len(NUM_ENVS)), NUM_ENVS)
    plt.xlabel('number of envs')
    plt.ylabel('steps per second')
    plt.show()

# メインの実装
if __name__ == "__main__":
    main()
```

▶ (1) 評価関数の実装

モデルの評価関数の実装を行います。引数は「モデル」「環境」「評価エピソード数」で、戻り値は「平均報酬」になります。

```
def evaluate(model, env, num_episodes=100):
    # 任意回数のエピソードを実行
    all_episode_rewards = [] # 任意回数のエピソードの平均報酬
    for i in range(num_episodes):
        episode_rewards = [] # 1エピソードの平均報酬
        done = False
        state = env.reset()
        while not done:
            action, _ = model.predict(state)
            state, reward, done, info = env.step(action)
            episode_rewards.append(reward) # 1ステップの報酬の追加
        all_episode_rewards.append(sum(episode_rewards)) # 1エピソードの報酬
の追加

    # 平均報酬の計算
    return np.mean(all_episode_rewards)
```

▶ (2) 統計の収集

環境数ごとの「平均報酬」を「reward_averages」、「標準偏差」を「reward_std」、「時間」を「training_times」で収集します。np.mean() で平均報酬、np.std() で標準偏差を計算します。「標準偏差」はデータの散らばりを表す値になります。

```
reward_averages.append(np.mean(rewards)) # 平均報酬
reward_std.append(np.std(rewards)) # 標準偏差
training_times.append(np.mean(times)) # 時間
```

■ （3）グラフのプロット

グラフ表示のライブラリ「matplotlib」を使って、グラフを表示します。

「環境数と平均報酬」のグラフは、plt.errorbar() を使って「誤差棒付き折れ線グラフ」でプロットします。「環境数と秒間ステップ数」は、plt.bar() を使って「棒グラフ」でプロットします。plt.xticks() は、X軸のメモリの値を指定しています。

「matplotlib」の主なメソッドは、次のとおりです。

表 4-6-2 matplotlib の主なメソッド

メソッド	説明
plt.errorbar(x, y, yerr, xerr, capsize)	誤差棒付き折れ線グラフの生成。引数には、x軸の値（配列）、y軸の値（配列）、x軸の誤差（配列）、y軸の誤差（配列）、横線の長さを指定
plt.bar(x, y)	棒グラフの生成。引数には、x軸の値（配列）、y軸の値（配列）を指定
plt.ylabel(label)	Y軸ラベル
plt.xticks(ticks, label)	X軸のメモリの値を指定。引数にはメモリの位置（配列）、ラベル（配列）を指定

```
# 環境数と平均報酬(3)
plt.errorbar(NUM_ENVS, reward_averages, yerr=reward_std, capsize=2)
plt.xlabel('number of envs')
plt.ylabel('mean reward')
plt.show()

# 環境数と秒間ステップ数(3)
training_steps_per_second = [NUM_STEPS / t for t in training_times]
plt.bar(range(len(NUM_ENVS)), training_steps_per_second)
plt.xticks(range(len(NUM_ENVS)), NUM_ENVS)
plt.xlabel('number of envs')
plt.ylabel('steps per second')
plt.show()
```

■ DummyVecEnv 版のコードの実行と結果の確認

DummyVecEnv 版のコードを実行し、出力結果を確認します。

```
$ python eval_dummy_5000step.py
```

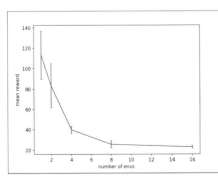

図 4-6-3 DummyVecEnv 版での「平均報酬」の比較

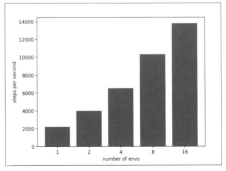

図 4-6-4 DummyVecEnv 版での「秒間ステップ数」（学習速度）の比較

マルチプロセッシングの概要と実装

130

これにより、「実時間」（秒間ステップ数）と「サンプル効率」（少ないステップで学習可能かどうか）の間にはトレードオフがあることがわかります。「実時間」が速くなるほど「サンプル効率」が悪くなり、「実時間」が遅くなるほど「サンプル効率」が良くなります。

SubprocVecEnv 版のコードの詳細

「SubprocVecEnv」版のコードは、「eval_dummy_5000step.py」の「訓練環境の生成」を以下のように変更するだけです。環境数が 1 の時は、「DummyVecEnv」を使っている点に注意してください。

ファイル名は「eval_subproc_5000step.py」で保存します。

eval_subproc_5000step.py（変更箇所のみ）

```python
# 訓練環境の生成
if num_envs == 1:
    train_env = DummyVecEnv([lambda: gym.make(ENV_ID)])
else:
    train_env = SubprocVecEnv([make_env(ENV_ID, i+total_env) for i in
range(num_envs)], start_method='spawn')
```

SubprocVecEnv 版のコードの実行と結果の表示

SubprocVecEnv 版のコードを実行し、出力結果を確認します。

```
$ eval_subproc_5000step.py
```

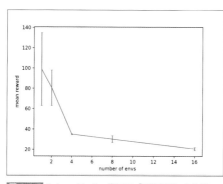

図 4-6-5 SubprocVecEnv 版での「平均報酬」の比較

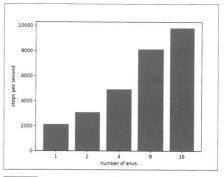

図4-6-6 SubprocVecEnv版での「秒間ステップ数」（学習速度）の比較

値の傾向は「DummyVecEnv」と似ていますが、「SubprocVecEnv」のほうが「秒間ステップ数」が少ないことがわかります。

同一秒数での平均報酬とステップ数の比較

環境数「1, 2, 4, 8, 16」で、10 秒間の訓練を行い、「平均報酬」と「10 秒間のステップ数」を比較します。これも、DummyVecEnv 版と SubprocVecEnv 版の両方で行ってみます。

◤ DummyVecEnv 版のコードの詳細

「DummyVecEnv」版のコードは、次のとおりです。

`eval_dummy_10sec.py`

```python
import gym
import time
import numpy as np
import matplotlib.pyplot as plt
from stable_baselines.common.vec_env import DummyVecEnv
from stable_baselines.common.vec_env import SubprocVecEnv
from stable_baselines import PPO2
from stable_baselines.common import set_global_seeds


# 定数
ENV_ID = 'CartPole-v1' # 環境ID
NUM_ENVS = [1, 2, 4, 8, 16] # 環境数
NUM_EXPERIMENTS = 3 # 実験回数
NUM_STEPS = 5000 # ステップ数
NUM_EPISODES = 20 # 評価エピソード数

# 環境を生成する関数
def make_env(env_id, rank, seed=0):
    def _init():
        env = gym.make(env_id)
        env.seed(seed + rank)
        return env
    set_global_seeds(seed)
    return _init

# 評価関数
def evaluate(model, env, num_episodes=100):
    # 任意回数のエピソードを実行
    all_episode_rewards = [] # 任意回数のエピソードの平均報酬
    for i in range(num_episodes):
        episode_rewards = [] # 1エピソードの平均報酬
        done = False
        state = env.reset()
        while not done:
            action, _ = model.predict(state)
            state, reward, done, info = env.step(action)
            episode_rewards.append(reward) # 1ステップの報酬の追加
        all_episode_rewards.append(sum(episode_rewards)) # 1エピソードの報酬
の追加

    # 平均報酬の計算
    return np.mean(all_episode_rewards)

# メイン関数の定義
def main():
    # 訓練と評価
    reward_averages = []
```

```python
    reward_std = []
    training_times = []
    total_env = 0
    num_steps = []
    for num_envs in NUM_ENVS:
        total_env += num_envs
        print('process:', num_envs)

        # 訓練環境の生成
        train_env = DummyVecEnv([make_env(ENV_ID, i + total_env) for i
in range(num_envs)])

        # 評価環境の生成
        eval_env = DummyVecEnv([lambda: gym.make(ENV_ID)])

        # 10秒間のステップ数の計算(1)
        train_env.reset()
        model = PPO2('MlpPolicy', train_env, verbose=0)
        start = time.time()
        model.learn(total_timesteps=NUM_STEPS)
        steps_per_sec = NUM_STEPS/(time.time() - start)
        num_steps.append(int(steps_per_sec*10))

        # 任意回数の実験実行
        rewards = []
        times = []
        for experiment in range(NUM_EXPERIMENTS):
            # 訓練
            train_env.reset()
            model = PPO2('MlpPolicy', train_env, verbose=0)
            start = time.time()
            model.learn(total_timesteps=int(steps_per_sec*10))
            times.append(time.time() - start) # 1訓練の時間の追加

            # 評価
            mean_reward = evaluate(model, eval_env, num_episodes=NUM_
EPISODES)
            rewards.append(mean_reward) # 1評価の平均報酬の追加

        # 環境のクローズ
        train_env.close()
        eval_env.close()

        # 統計の収集
        reward_averages.append(np.mean(rewards)) # 平均報酬
        reward_std.append(np.std(rewards)) # 標準偏差
        training_times.append(np.mean(times)) # 学習速度

    # 環境数と平均報酬
    plt.errorbar(NUM_ENVS, reward_averages, yerr=reward_std, capsize=2)
    plt.xlabel('number of envs')
    plt.ylabel('mean reward')
```

```
        plt.show()

        # 環境数とステップ数
        plt.bar(range(len(NUM_ENVS)), num_steps)
        plt.xticks(range(len(NUM_ENVS)), NUM_ENVS)
        plt.xlabel('number of envs')
        plt.ylabel('number of steps')
        plt.show()

    # メインの実装
    if __name__ == "__main__":
        main()
```

▶ (1) 10 秒間のステップ数の計算

5000 ステップの訓練を実行し、秒間ステップ数を計算し、それから 10 秒間のステップ数を計算しています。この計算したステップ数で、前回同様に訓練と評価を行っています。

```
train_env.reset()
model = PPO2('MlpPolicy', train_env, verbose=0)
start = time.time()
model.learn(total_timesteps=NUM_STEPS)
steps_per_sec = NUM_STEPS/(time.time() - start)
num_steps.append(int(steps_per_sec*10))
```

▶ DummyVecEnv 版のコードの実行と結果の確認

DummyVecEnv 版のコードを実行し、出力結果を確認します。環境数がある程度増えると、平均報酬が増えなくなることがわかります。

```
$ python eval_dummy_10sec.py
```

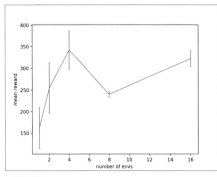
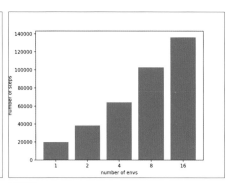

図 4-6-7 DummyVecEnv 版での「10 秒間の平均報酬」の比較　図 4-6-8 DummyVecEnv 版での「10 秒間のステップ数」（学習速度）の比較

▶ SubprocVecEnv 版のコードの詳細

「SubprocVecEnv」版のコードは、「eval_dummy_10sec.py」の「訓練環境の生成」を以下のように変更するだけです。ファイル名は「eval_subproc_10sec.py」で保存します。

```
eval_subproc_10sec.py（変更箇所のみ）
```
```
# 訓練環境の生成
if num_envs == 1:
    train_env = DummyVecEnv([lambda: gym.make(ENV_ID)])
else:
    train_env = SubprocVecEnv([make_env(ENV_ID, i+total_env) for i in
range(num_envs)], start_method='spawn')
```

● SubprocVecEnv 版のコードの実行と結果の表示

SubprocVecEnv 版のコードを実行し、出力結果を確認します。

これも、値の傾向は「DummyVecEnv」と似ていますが、「SubprocVecEnv」の方が「秒間ステップ数」が少ないことがわかります。

```
$ eval_subproc_10sec.py
```

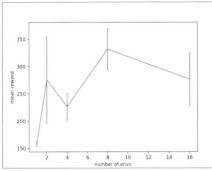
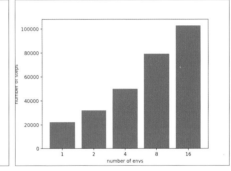

図4-6-9 SubprocVecEnv版での「10秒間の平均報酬」の比較　図4-6-10 SubprocVecEnv版での「10秒間ステップ数」(学習速度)の比較

DummyVecEnv と SubprocVecEnv の比較

複数プロセスの「SubprocVecEnv」より、単一プロセスの「DummyVecEnv」のほうが速いようです。ボトルネックは環境の計算によるものではなく、プロセス間の同期と通信によるものです。

一般的なパソコンでは CPU コア数は多くて 8 つ程度ですが、それに比べ最先端の深層強化学習の研究では、並列処理を数万の CPU コアで行っています。多くの CPU コアを持つ環境では、「SubprocVecEnv」の活用が期待できそうです。

並列化について、より詳しくは以下の Web サイトの情報を参照してください。

OpenAI RAPID
https://openai.com/blog/how-to-train-your-openai-five/

IMPALA
https://arxiv.org/abs/1802.01561

4-7 カスタム Gym 環境の作成

OpenAI Gym インターフェースに従って、自作環境である「カスタム Gym 環境」を作成する方法を解説します。ここでは簡単な例として、エージェントが左に進むことを学ぶ環境を作成してみます。

カスタム Gym 環境の実装

左への移動を学ぶ環境「GoLeft」を実装します。この環境は、エージェントが左右移動できる 5 マスの環境になります。

表 4-7-1 GoLeft の強化学習の要素

強化学習の要素	GoLeft
目的	左に移動
行動	0：左に移動 1：右に移動
状態	現在の位置：（左）0～4（右）
報酬	ゴール時に+1 1ステップ毎に－0.1
エピソード完了	ゴール時

表示はコンソールのみで、エージェントの位置は「A」、ほかの位置は「.」で表します。初期位置は右端になります。

```
....A
```

ゴールは左端になります。

```
A....
```

カスタム Gym 環境のソースコードは、次のとおりです。

`go_left.py`

```python
import numpy as np
import gym

# 左への移動を学ぶ環境
class GoLeft(gym.Env): #(1)
    # 定数を定義
    GRID_SIZE = 5
    LEFT = 0
    RIGHT = 1

    # 初期化
```

```python
    def __init__(self):
        super(GoLeft, self).__init__()

        # グリッドのサイズ
        self.grid_size = self.GRID_SIZE

        # 初期位置の指定
        self.agent_pos = self.GRID_SIZE - 1

        # 行動空間と状態空間の型の定義(2)
        self.action_space = gym.spaces.Discrete(2)
        self.observation_space = gym.spaces.Box(
            low=0, high=self.GRID_SIZE - 1, shape=(1,), dtype=np.float32)

    # 環境のリセット(3)
    def reset(self):
        # 初期位置の指定
        self.agent_pos = self.GRID_SIZE - 1

        # 初期位置をfloat32のnumpy配列に変換
        return np.array(self.agent_pos).astype(np.float32)

    # 環境の1ステップ実行(3)
    def step(self, action):
        # 移動
        if action == self.LEFT:
            self.agent_pos -= 1
        elif action == self.RIGHT:
            self.agent_pos += 1
        else:
            raise ValueError("Received invalid action={}".format(action))
        self.agent_pos = np.clip(self.agent_pos, 0, self.GRID_SIZE)

        # エピソード完了の計算
        done = self.agent_pos == 0

        # 報酬の計算
        reward = 1 if done else -0.1

        return np.array(self.agent_pos).astype(np.float32), reward,
done, {}

    # 環境の描画(3)
    def render(self, mode='console', close=False):
        if mode != 'console':
            raise NotImplementedError()

        # エージェントは「A」、他は「.」で表現
        print("." * self.agent_pos, end="")
        print("A", end="")
        print("." * (self.GRID_SIZE - 1 - self.agent_pos))
```

▶ (1) カスタム Gym 環境のクラスの生成

はじめに、gym.Env を継承することで、「カスタム Gym 環境」のクラスを生成します。

```
class GoLeft(gym.Env):
```

▶ (2) 行動空間と状態空間の型の定義

カスタム Gym 環境のクラスのコンストラクタ（__init__()）では、行動空間と状態空間の型の定義を行います。今回は、行動空間の型をサイズ 2 の Discrete 型、状態空間の型をサイズ 1 で範囲が 0 ～ 9 の Box 型を指定しています。

```
self.action_space = gym.spaces.Discrete(2)
self.observation_space = gym.spaces.Box(
    low=0, high=self.GRID_SIZE, shape=(1,), dtype=np.float32)
```

▶ (3) gym.Env の reset()、step()、render() をオーバーライド

gym.Env の reset()、step()、render() をオーバーライドして、環境のリセット時の処理と、1 ステップ実行時の処理と、描画時の処理を実装します。

◗ カスタム Gym 環境の動作確認

作成したカスタム Gym 環境の動作確認を行います。

▶ コードの実装

カスタム Gym 環境の動作確認を行うコードは、次のとおりです。gym.make() を使わず、GoLeft クラスを直接生成しています。

`hello_go_left.py`

```python
import gym
from go_left import GoLeft

# 環境の生成
env = GoLeft()

# 1エピソードのループ
state = env.reset()
while True:
    # 環境の描画
    env.render()

    # ランダム行動の取得
    action = env.action_space.sample()

    # 1ステップの実行
    state, reward, done, info = env.step(action)
    print('reward:', reward)
```

```
        # エピソード完了
        if done:
            print('done')
            break
```

コードの実行
作成したコードを実行してみます。

```
$ python hello_go_left.py
....A
reward: -0.1
...A.
reward: -0.1
....A
reward: -0.1
...A.
reward: -0.1
..A..
reward: -0.1
.A...
reward: 1
done
```

カスタム Gym 環境の学習

ランダム行動での動作確認ができたら、「PPO」で学習させてみます。

コードの実装
カスタム Gym 環境の学習を行うコードは、次のとおりです。

train_go_left.py
```python
import gym
from stable_baselines.common.vec_env import DummyVecEnv
from stable_baselines import PPO2
from go_left import GoLeft

# 環境の生成
env = GoLeft()
env = DummyVecEnv([lambda: env])

# モデルの生成
model = PPO2('MlpPolicy', env, verbose=1)

# モデルの読み込み
# model = PPO2.load('go_left_model')
```

```
# モデルの学習
model.learn(total_timesteps=12800)

# モデルの保存
model.save('go_left_model')

# モデルのテスト
state = env.reset()
total_reward = 0
while True:
    # 描画
    env.render()

    # モデルの推論
    action, _ = model.predict(state)

    # 1ステップ実行
    state, reward, done, info = env.step(action)
    total_reward += reward[0]

    # エピソード完了
    if done:
        print('reward:', total_reward)
        state = env.reset()
        total_reward = 0
```

▰▷ コードの実行

作成したコードを実行してみます。

```
$ python train_go_left.py
....A
...A.
..A..
.A...
reward: 0.6999999955296516
```

Stable Baselines Zoo による学習済みモデル
の実行

これまで「Stable Baselines」による強化学習を詳細を解説してきましたが、学習済みのモデルを集めた「Stable Baselines Zoo」もあります。これを利用することで、学習やパラメータの試行錯誤を行うことなく、環境の攻略を試してみることができます。

Stable Baselines Zoo の概要

「Stable Baselines Zoo」は、「Stable Baselines」を利用して事前に学習されたモデルのコレクションです。

実績のあるハイパーパラメータの情報や、手軽に学習・動作確認・ハイパーパラメータの最適化などを行うスクリプトも提供しています。ハイパーパラメータは、人工知能が自動的に学習しない、人間が指定する必要があるパラメータのことを指します。

また、モデルを使ったゲーム攻略などの過程をビデオ録画するのための基本的なスクリプトも提供します。詳しくは、以下を参照してください。

RL Baselines Zoo
https://stable-baselines.readthedocs.io/en/master/guide/rl_zoo.html

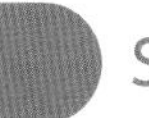

Stable Baselines Zoo のインストール

「Stable Baselines Zoo」のインストール方法は、次のとおりです。「Anaconda」で作成した Python 3.6 の仮想環境で、以下のコマンドを入力してください。

 依存関係のインストール
以下のコマンドで、依存関係をインストールします。

```
$ pip install stable-baselines pyyaml pybullet optuna pytablewriter
```

02 Git のインストール
「Git」の公式サイトからインストーラをダウンロードし、インストーラの指示に従ってインストールします。

Git — Downloads
https://git-scm.com/downloads

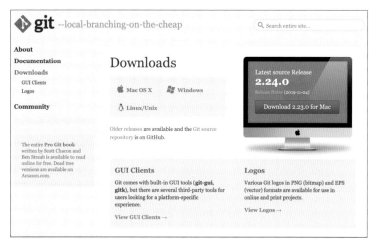

図 4-8-1 Git のダウンロードサイト

(03) リポジトリのクローンの作成

以下のコマンドで、「Stable Baselines Zoo」のリポジトリをクローンします。ローカルに「rl-baselines-zoo」というフォルダが生成されます。

```
$ git clone https://github.com/araffin/rl-baselines-zoo
```

学習に最適なハイパーパラメータの情報

Stable Baselines Zoo には、環境ごとの最適なハイパーパラメータが用意されています。これを使うことで、最適なハイパーパラメータを探すために、学習を繰り返して試行錯誤する必要はありません。

学習に最適なハイパーパラメータの情報の入手先

学習に最適なハイパーパラメータの情報は、「rl-baselines-zoo」の「hyperparameters」にある yml ファイルに記述されています。以下のように、強化学習アルゴリズム別に提供されています。

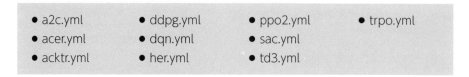

- a2c.yml
- ddpg.yml
- ppo2.yml
- trpo.yml
- acer.yml
- dqn.yml
- sac.yml
- acktr.yml
- her.yml
- td3.yml

たとえば「ppo2.yml」の中身は、次のように環境ごとのハイパーパラメータが記述されています。「atari：」は Atari 環境全般に適用するハイパーパラメータ、「Pendulum-v0：」は環境「Pendulum-v0」に適用するハイパーパラメータの設定になります。

```
ppo2.yml

atari:
  policy: 'CnnPolicy'
  n_envs: 8
  n_steps: 128
  noptepochs: 4
  nminibatches: 4
  n_timesteps: !!float 1e7
  learning_rate: lin_2.5e-4
  cliprange: lin_0.1
  vf_coef: 0.5
  ent_coef: 0.01
  cliprange_vf: -1

Pendulum-v0:
  n_envs: 8
  n_timesteps: !!float 2e6
  policy: 'MlpPolicy'
  n_steps: 2048
  nminibatches: 32
  lam: 0.95
  gamma: 0.99
  noptepochs: 10
  ent_coef: 0.0
  learning_rate: !!float 3e-4
  cliprange: 0.2
    （省略）
```

 学習に最適なハイパーパラメータによる学習

「rl-baselines-zoo」フォルダで以下のコマンドを入力することで、このハイパーパラメータを使って学習することができます。

> **書式**
>
> ```
> $ python train.py --algo <強化学習アルゴリズム名> --env <環境ID>
> --tensorboard-log <TensorBoardのログの出力先> -n <ステップ数>
> ```

「Cartpole-v1」を「PPO」で学習して「logs」にログ出力するには、以下のコマンドを入力します。ステップ数を省略すると、yml ファイルの「n_timesteps」の数が適用されます。

```
$ python train.py --algo ppo2 --env CartPole-v1 --tensorboard-log logs
```

複数の環境を同時に学習させることもできます。

```
$ python train.py --algo ppo2 --env CartPole-v1 MountainCar-v0
--tensorboard-log logs
```

学習を再開するには、「-i」で学習を再開するモデルを指定します。

```
$ python train.py --algo ppo2 --env CartPole-v1 -i logs/ppo2/
CartPole-v1_1/CartPole-v1.zip
```

「train.py」のパラメータは、次のとおりです。

表 4-8-1 train.py のパラメータ

パラメータ	説明
-h --help	ヘルプの表示
--env <環境ID> [<環境ID> ...]	環境ID
-tb <ログの出力先> --tensorboard-log <ログの出力先>	TensorBoardのログの出力先
-i <学習済みモデルのパス> --trained-agent <学習済みモデルの パス>	学習を再開するための学習済みモデルのパス
--algo {a2c,acer,acktr,dqn,ddp g,her,sac,ppo2,trpo,td3}	強化学習アルゴリズム
-n <ステップ数> --n-timesteps <ステップ数>	ステップ数
--log-interval <ログ間隔>	ログ間隔 (default：-1)
-f <ログの出力先> --log-folder <ログの出力先>	ログフォルダ
--seed <乱数シード>	乱数シード
--n-trials <試行回数>	ハイパーパラメータを最適化するための試行回数
-optimize --optimize-hyperparameters	ハイパーパラメータ探索の有効化
--n-jobs <並列ジョブ数>	ハイパーパラメータを最適化する時の並列ジョブの数
--sampler {random,tpe,skopt}	ハイパーパラメータを最適化するときに使用するSampler
--pruner {halving,median,none}	ハイパーパラメータを最適化するときに使用するPruner
--verbose {0, 1}	ログの詳細表示 (0：出力なし、1：情報)
--gym-packages <Gymパッケージ> [<Gymパッケージ> ...]	インポートする追加の外部Gym環境パッケージ

学習済みモデルの利用

Stable Baselines Zoo に用意されている学習済みのモデルを利用する方法を解説します。

学習済みモデルの入手先

学習済みモデルは、「rl-baselines-zoo」の「trained_agents」フォルダに含まれており、強化学習アルゴリズム別に提供されています。

たとえば「ppo」フォルダの中身は、次のとおりです。このなかで「pklファイル」は、「Stable Baselines」のバージョン2.7以前で利用していたモデルファイルになります。

- Acrobot-v1
- Acrobot-v1.pkl
- AntBulletEnv-v0
- AntBulletEnv-v0.pkl
- BeamRiderNoFrameskip-v4
- BeamRiderNoFrameskip-v4.pkl

（省略）

- Walker2DBulletEnv-v0
- Walker2DBulletEnv-v0.pkl

■ 学習済みモデルによる動作確認

学習済みモデルの動作確認を行うには、以下のコマンドを入力します。

```
$ python enjoy.py --algo <強化学習アルゴリズム名> --env <環境ID>
--folder <学習済みモデルのフォルダ名> -n <ステップ数>
```

「Cartpole-v1」を「PPO」で「5000」ステップの実行を行うには、以下のコマンドを入力します。

```
$ python enjoy.py --algo ppo2 --env CartPole-v1 --folder trained_agents
-n 5000
```

「enjoy.py」のパラメータは、次のとおりです。

表 4-8-2 enjoy.py のパラメータ

パラメータ	説明
-h --help	ヘルプの表示
--env <環境ID>	環境ID
-f <ログの出力先> --folder <ログの出力先>	ログフォルダ
--algo {a2c,acer,acktr,dqn,ddpg,her,sac,ppo2,trpo,td3}	強化学習アルゴリズム
-n <ステップ数> --n-timesteps <ステップ数>	ステップ数
--n-envs <環境数>	環境数
--exp-id <実験ID>	実験ID（デフォルト：-1, expフォルダなし、0：最新）
--verbose {0, 1}	ログの詳細表示（0：出力なし、1：情報）
--no-render	環境のレンダリングなし（テストに役立つ）
--deterministic	決定論的方策を使用
--stochastic	確率論的方策を使用（DDPG／DQN／SAC）

パラメータ	説明
--norm-reward	該当する場合は報酬を正規化（VecNormalizeで学習）
--seed <乱数シード>	乱数シード
--reward-log <報酬ログの保存先>	報酬ログの保存先
--gym-packages <Gymパッケージ> ...]	インポートする追加の外部Gym環境パッケージ

ハイパーパラメータの最適化

前述の最適化されたハイパーパラメータは、最適化フレームワークを利用して算出されています。このフレームワークを使って、利用者がハイパーパラメータを最適化するための方法を解説します。

ハイパーパラメータ最適化フレームワーク「Optuna」

「Stable Baselines Zoo」の「train.py」のハイパーパラメータの最適化は、内部的にはハイパーパラメータ最適化フレームワーク「Optuna」を使っています。「Optuna」は、Stable Baselines Zoo のインストール時に、依存関係のパッケージとして指定しています。

> **Optuna：A hyperparameter optimization framework**
> https://github.com/pfnet/optuna

ハイパーパラメータの最適化の書式

ハイパーパラメータの最適化を行うには、以下のコマンドを入力します。

書式
```
$ python train.py --algo <強化学習アルゴリズム名> --env <環境ID> -n <ス
テップ数> -optimize --n-trials <トライアル数> --n-jobs <ジョブ数>
--sampler <Sampler> --pruner <Pruner>
```

「トライアル数」は、設定して比較するハイパーパラメータセットのパターン数です。「Sampler」は、探索履歴から次に試すハイパーパラメータセットを決定する方法です。

「Pruner」は、トライアルの各ステップで、枝刈り（探索の中止）を判定する方法です。「ジョブ数」は、分散最適化を行うジョブの数です。

表 4-8-3 Sampler の種類

Sampler	パラメータ	説明
TPESampler（TPE）	tpe	ベイズ最適化の一種で、過去の評価履歴から、次に探索すべきハイパーパラメータセットを推測
RandomSampler（ランダムサーチ）	random	ランダムに、次に探索するハイパーパラメータセットを選択
SkoptSampler（GaussianProcess）	skopt	ガウス過程によって、次に探索すべきハイパーパラメータセットを推測

表 4-8-4 Pruner の種類

Pruner	パラメータ	説明
MedianPruner	median	各ステップでの評価をほかのトライアルと比較
SuccessiveHalvingPruner	halving	「トライアル数が1/Nになるように枝刈り」と「残ったものにはN倍のリソースの割り当て」を繰り返す
なし	none	枝刈りなし

■ 最適化されるハイパーパラメータ

「PPO」では、以下のハイパーパラメータが最適化されます。各パラメータの詳細については、5章「5-3 ハイパーパラメータの調整」で説明します。

表 4-8-5 最適化されるハイパーパラメータ

パラメータ	説明
batch_size	バッチサイズ
n_steps	方策更新前に収集する経験の数（ステップ数）
gamma	将来の報酬割引率
learning_rate	学習率
ent_coef	損失計算のエントロピー係数
cliprange	旧方策と新方策の比率に対する許容限界
noptepochs	収集した経験を勾配降下にかける回数
lam	GAEのバイアスと分散のトレードオフ

■ ハイパーパラメータの最適化の例

「CartPole-v1」を「PPO」で「50000」ステップの実行を行うトライアルを、Sampler「random」とPruner「median」で「1000」回行うには、以下のコマンドを入力します。

```
$ python train.py --algo ppo2 --env CartPole-v1 -n 50000 -optimize --n-trials 1000
--n-jobs 2 --sampler random --pruner median
Finished trial#0 resulted in value: -9.399999618530273. Current best value is
-9.399999618530273 with parameters: {'batch_size': 32, 'n_steps': 2048, 'gamma':
0.999, 'lr': 0.1664672261412471, 'ent_coef': 0.010130230408794483, 'cliprange': 0.4,
'noptepochs': 5, 'lamdba': 0.95}.
Finished trial#1 resulted in value: -173.39999389648438. Current best value is
-173.39999389648438 with parameters: {'batch_size': 64, 'n_steps': 64, 'gamma':
0.995, 'lr': 0.0003073781785362607, 'ent_coef': 2.4945421193251008e-08,
```
（省略）

ログには各トライアルのハイパーパラメータセットと、そのトライアルの価値（Value）が出力されます。

内部的に使われている「Optuna」は損失の最低値を見つけ出す最適化ツールのため、高い報酬が優れている強化学習では、報酬に「-1」を掛けた値で最適化を実行しています。

そのため、常にプラス報酬の「CartPole」は、価値は常にマイナスで表示されます。

　ある程度の時間で探索したら、「Control + C」で終了することもできます。結果としてベストトライアルが、次のように標準出力に出力されます。

```
Best trial:
Value:  -500.0
Params:
    batch_size: 256
    n_steps: 32
    gamma: 0.95
    lr: 0.021569177143056173
    ent_coef: 0.0004948403294040553
    cliprange: 0.3
    noptepochs: 10
    lamdba: 0.95
```

 ## 学習済みモデルのビデオ録画

　「Stable Baselines Zoo」は、学習済みモデルを実行した様子のビデオ録画を行う機能も提供します。

　環境「BipedalWalkerHardcore-v2」と学習アルゴリズム「PPO2」で、1000 ステップ分のビデオ録画を行うには、「rl-baselines-zoo」フォルダで以下のコマンドを実行してください。

```
$ python -m utils.record_video --algo ppo2 --env BipedalWalkerHardcore-v2 -n 1000
```

　「./logsvideosppo2-BipedalWalkerHardcore-v2-step-0-to-step-1000.mp4」に動画ファイルが出力されます。

図 4-8-2 学習済みモデルのビデオ録画

ハイパーパラメータの最適化の Tips

本文では「CartPole-v1」での実行例を示しましたが、ハイパーパラメータの最適化のための Tips をいくつか示しておきます。

◎ハイパーパラメータのステップ数

ハイパーパラメータの最適化のステップ数は、学習の効果が現れ始めると思われるステップ数を指定します。「CartPole」のように簡単なタスクであればすぐに学習の効果が現れますが、難しいタスクの場合、長時間学習した後でなければ効果が現れないため、必要なステップ数も多くなってしまいます。

◎探索するハイパーパラメータの定義

探索するハイパーパラメータの定義は、「utils/hyperparams_opt.py」にあります。探索するハイパーパラメータを絞りたい場合は、このあたりをカスタマイズするとよいでしょう。

hyperparams_opt.py（一部）

```
batch_size = trial.suggest_categorical('batch_size', [32, 64, 128,
256])
n_steps = trial.suggest_categorical('n_steps', [16, 32, 64, 128, 256,
512, 1024, 2048])
gamma = trial.suggest_categorical('gamma', [0.9, 0.95, 0.98, 0.99,
0.995, 0.999, 0.9999])
learning_rate = trial.suggest_loguniform('lr', 1e-5, 1)
ent_coef = trial.suggest_loguniform('ent_coef', 0.00000001, 0.1)
cliprange = trial.suggest_categorical('cliprange', [0.1, 0.2, 0.3,
0.4])
noptepochs = trial.suggest_categorical('noptepochs', [1, 5, 10, 20,
30, 50])
lam = trial.suggest_categorical('lamdba', [0.8, 0.9, 0.92, 0.95, 0.98,
0.99, 1.0])
```

◎枝刈りと学習率

「学習率」（lr）は値が小さいほど、初期段階で刈られやすくなる傾向があるので注意が必要です。学習率は固定で、それ以外のハイパーパラメータを枝刈りありで最適化した後、学習率のみ枝刈りなしで最適化する方法がよさそうです。

5 Atari 環境の攻略

　前章までで、強化学習によりゲームを攻略する AI を作成する準備は、すべて整いました。この章では、OpenAI Gym の Atari 環境のゲームを実際に攻略していきましょう。この章では、強化学習でブロック崩しゲーム「Breakout」を、模倣学習でボーリングゲーム「Bowling」を環境として解説します。

　前章では、Classic control 環境に含まれる「CartPole」という棒を倒さないように自立させるシンプルな環境を使ってきました。これに比べ Atari 環境のゲームは、より複雑な環境のため学習にかなりの時間がかかります。そこで学習の効率化を図るためによく使われる手法である「前処理」「ハイパーパラメータの調整」「クラウド学習」を「Breakout」を題材にそれぞれ解説します。クラウド学習では、2 章で取り上げた「Google Colab」を利用します。

　さらに、ボーリングゲーム「Bowling」を例に、ランダム行動では報酬を見つけ難い環境に対応するための「模倣学習」の実装について解説します。

▶ この章の目的

● 前章までの解説を踏まえ、Atari 環境のブロック崩し「Breakout」を攻略する強化学習プログラムの実装を行う
● 効率的な学習を行うための手法である「前処理」「ハイパーパラメータの調整」「クラウド学習」の実装を理解する
● 人間のデモ（正解データ）を利用しての「模倣学習」の実装を行う

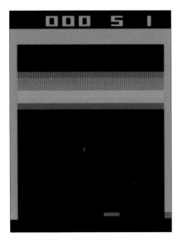

ブロック崩し：Breakout

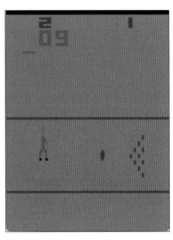

ボーリングゲーム：Bowling

Atari 環境の学習

OpenAI Gym の Atari 環境（https://gym.openai.com/envs/#atari）には、さまざまなアクションゲーム、シューティングゲーム、迷路型ゲーム、レーシングゲームなど多数のゲームが含まれています。この章では、ブロック崩しゲーム「Breakout」を取り上げます。

「Breakout」の概要

Atari 環境の「Breakout」の学習を行います。ハイスコアを競うブロック崩しゲームになります。

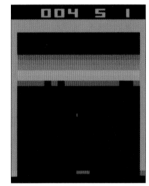

図 5-1-1 「Breakout」の画面

表 5-1-1 「Breakout」の強化学習の要素

強化学習の要素	Breakout
目的	ハイスコア
行動	0：NOOP（No Operation） 1：FIRE（Start） 2：RIGHT 3：LEFT
状態	210×160×3の画面イメージ（各ドットは0〜255）
報酬	スコア
エピソード完了	ボールを落とした時

コードの一覧

今回のコードは長いので、「breakout.py」と「util.py」の2つに分けます。

- **breakout.py**：Breakout の学習とテストを行うメインとなるコード
- **util.py**：コールバックなどのユーティリティ関数

コールバックの作成

　ベスト報酬以上の時は、モデルを保存するコールバックを作成します。これは、4 章「4-5 TensorBoard とコールバックによる学習状況の監視」で紹介したものと同様です。コードの解説は、前章を参照してください。

　ここでは 100 更新毎ではなく、10 更新毎にベストモデルの保存を行っています。保存ファイル名も「breakout_model」としています。

```python
util.py
import gym
import os
import numpy as np
import datetime
import pytz
from stable_baselines.results_plotter import load_results, ts2xy

# ログフォルダの生成
log_dir = './logs/'
os.makedirs(log_dir, exist_ok=True)

# グローバル変数
num_update = 0 # 更新数
best_mean_reward = -np.inf # ベスト平均報酬

# コールバック関数の実装
def callback(_locals, _globals):
    global num_update
    global best_mean_reward

    # 10更新毎の処理
    if (num_update + 1) % 10 == 0:
        # 報酬配列の取得
        _, y = ts2xy(load_results(log_dir), 'timesteps')
        if len(y) > 0:
            # 平均報酬がベスト平均報酬以上の時はモデルを保存
            mean_reward = np.mean(y[-10:])
            update_model = mean_reward > best_mean_reward
            if update_model:
                best_mean_reward = mean_reward
                _locals['self'].save('breakout_model')

            # ログ
            print('time: {}, num_update: {}, mean: {:.2f}, best_mean:
{:.2f}, model_update: {}'.format(
                    datetime.datetime.now(pytz.timezone('Asia/Tokyo')),
                    num_update, mean_reward, best_mean_reward, update_model))
    num_update += 1
    return True
```

Breakout の学習とテスト

「Breakout」の攻略の本体であるコードを作成し、テストを行ってみます。

コードの実装

「Breakout」の学習とテストを行うコードを作成します。次節以降で「前処理」のあり／なしで比較するので、今回は「前処理」がない「BreakoutNoFrameskip-v0」を使います（命名規則については、3 章「3-3 Gym インタフェース」のコラムを参照）。ここでは、8 環境を使って 1280000 ステップの学習を行います。

　コードの概要は、前章の 4 章で解説しているので、そちらを参照してください。

```
breakout.py
import gym
import time
from stable_baselines import PPO2
from stable_baselines.common.vec_env import DummyVecEnv
from stable_baselines.common import set_global_seeds
from stable_baselines.bench import Monitor
from util import callback, log_dir


# 定数
ENV_ID = 'BreakoutNoFrameskip-v0' # 環境ID
NUM_ENV = 8 # 環境数


# 環境を生成する関数
def make_env(env_id, rank, seed=0):
    def _init():
        env = gym.make(env_id)
        if rank == 0:
            env = Monitor(env, log_dir, allow_early_resets=True)
        env.seed(seed + rank)
        return env
    set_global_seeds(seed)
    return _init


# メイン関数の定義
def main():
    # 学習環境の生成
    train_env = DummyVecEnv([make_env(ENV_ID, i) for i in range(NUM_ENV)])

    # モデルの生成
    model = PPO2('CnnPolicy', train_env, verbose=0)

    # モデルの読み込み
    # model = PPO2.load('breakout_model', env=train_env, verbose=0)

    # モデルの学習
```

```
    model.learn(total_timesteps=1280000, callback=callback)

    # テスト環境の生成
    test_env = DummyVecEnv([make_env(ENV_ID, 9)])

    # モデルのテスト
    state = test_env.reset()
    total_reward = 0
    while True:
        # 環境の描画
        test_env.render()
        time.sleep(1/60)

        # モデルの推論
        action, _ = model.predict(state)

        # 1ステップ実行
        state, reward, done, info = test_env.step(action)

        # エピソードの完了
        total_reward += reward[0]
        if done:
            print('reward:', total_reward)
            state = test_env.reset()
            total_reward = 0

# メインの実行
if __name__ == "__main__":
    main()
```

▌▶ コードの実行

作成したコードを実行してみます。

```
$ python breakout.py
time: 2019-11-10 11:11:20.638794+09:00, num_update: 79, mean: 1.80, best_mean: 1.80,
model_update: True
time: 2019-11-10 11:11:43.907176+09:00, num_update: 89, mean: 2.00, best_mean: 2.00,
model_update: True
time: 2019-11-10 11:12:07.153720+09:00, num_update: 99, mean: 2.00, best_mean: 2.00,
model_update: False
    （省略）
time: 2019-11-10 11:57:06.073535+09:00, num_update: 1229, mean: 3.30, best_mean:
5.10, model_update: False
time: 2019-11-10 11:57:28.835026+09:00, num_update: 1239, mean: 3.70, best_mean:
5.10, model_update: False
time: 2019-11-10 11:57:51.804381+09:00, num_update: 1249, mean: 3.60, best_mean:
5.10, model_update: False
```

図 5-1-2
強化学習アルゴリズム「PPO2」で
「Breakout」を攻略

学習時間は「135 分」（GPU ありで 45 分）、ベストスコアは「5.1」になりました。

最終的な更新数（num_update）は 1249 ですが、8 つの環境で学習しているので、実際には 1249*8=9992 回更新しています。PPO では 1 回の更新に必要なステップ数のデフォルトが 128 なので、9992*128=1278976 で、最終更新は「1278976」ステップ目であることがわかります。

学習速度とサンプル効率の向上

「環境」と「強化学習アルゴリズム」を接続するだけでは、よほどタスクが簡単でない限り、膨大な学習時間がかかります。また、安定して報酬が上昇しないことも多々あります。

そこで強化学習では、「エージェント」（モデル）の学習速度とサンプル効率を向上させるために、「前処理」や「ハイパーパラメータの調整」などの手法が採られます。さらに、高性能なマシンパワーによる「クラウド学習」という手法もあります。

- 前処理
- ハイパーパラメータの調整
- クラウド学習

次節以降では、これらの手法について解説します。

5-2 前処理

前節の「Breakout」を攻略するコードに、学習速度を向上させるための「環境ラッパー」と呼ばれる「前処理」を追加して、その効果を確かめてみます。

前処理とは

「前処理」とは、環境とエージェントがやりとりする情報を、エージェントが学習しやすい形式に変換する処理のことです。前処理の対象となる情報は、「行動」「状態」「報酬」「エピソード完了」があります。

「行動」「状態」は学習速度とサンプル効率、「報酬」「エピソード完了」は目標設定が、前処理の主な目的になっています。

表 5-2-1 前処理を行う対象

前処理の対象	主な目的
行動	行動の型の低次元化による、学習速度の向上 サンプル効率を考慮した、行動の型の指定 環境リセット後の最初の行動を「FIRE」とするなど決まりきった操作の実施
状態	状態の型の低次元化による、学習速度の向上 サンプル効率を考慮した、状態の型の指定
報酬	目標設定を考慮した、報酬のタイミングと量の調整 サンプル効率を考慮した、報酬のタイミングと量の調整
エピソード完了	目標設定を考慮した、エピソード完了の条件の指定 エピソードを短くすることによる、学習回数の向上

環境ラッパーの種類

「OpenAI Gym」の環境は、「環境ラッパー」と呼ばれる仕組みで、「前処理」を追加することができます。4章「4-3 平均報酬と平均エピソード長の出力と Monitor の利用」で紹介した「Monitor」も環境ラッパーの1つです。

「前処理」を行う「環境ラッパー」は、「OpenAI Baselines」から「Atari ラッパー」「Retro ラッパー」「Common ラッパー」、「Stable Baselines」から「VecEnv ラッパー」などが提供されています。

表 5-2-2 提供されている環境ラッパーの種類

環境ラッパー	説明	提供元
Monitorラッパー	学習状況の監視	OpenAI Gym／Stable Baselines
Atariラッパー	Atari環境用の前処理	OpenAI Baselines
Retroラッパー	Gym Retro環境用の前処理	OpenAI Baselines

Commonラッパー	Gym環境用の前処理	OpenAI Baselines
VecEnvラッパー	ベクトル化環境専用の前処理	Stable Baselines

Atari ラッパーの概要

「Atari ラッパー」は、Atari 環境用の前処理を行う「環境ラッパー」です。Atari 環境を攻略したことで有名な学習アルゴリズム「DQN」の論文などで紹介されている各種手法が、環境ラッパーの形式で提供されています。

これは、「OpenAI Baselines」のリポジトリの「atari_wrapper.py」に含まれています。内容の概要を、以降で解説します。

atari_wrapper.py

https://github.com/openai/baselines/blob/master/baselines/common/atari_wrappers.py

◎ NoopResetEnv ラッパー

```
NoopResetEnv(env, noop_max=30)
```

環境リセット後の 0 ～ 30 ステップ間は行動を「NOOP」（No Operation）とします。これによって、ゲーム開始の初期状態にばらつきを与え、特定の開始状態に特化して学習しないようにします。

◎ FireResetEnv ラッパー

```
FireResetEnv(env)
```

環境リセット後の最初の行動を「FIRE」とします。Atari 環境は「FIRE」でゲームを開始しますが、それを覚えるまでゲーム自体の学習ができないので、強制的にゲームを開始させます。

◎ MaxAndSkipEnv ラッパー

```
MaxAndSkipEnv(env)
```

Atari 環境は 60 フレーム / 秒でゲームが進行しますが、1 秒間に 60 回も行動選択する必要はないので、4 フレームごとに行動を選択し、4 フレーム連続で同じ行動を採るようにします。これによって、学習速度が向上します。

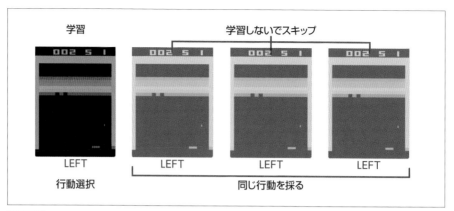

図 5-2-1 MaxAndSkipEnv ラッパーの動作

◎ ClipRewardEnv ラッパー

```
ClipRewardEnv(env)
```

　各ステップで得られる報酬をマイナス時は「-1」、0 時は「0」、プラス時は「1」にクリッピングします。これによって、環境ごとの報酬サイズの違いをなくし、複数の環境を同じモデルで攻略できるようになります。

◎ WrapFrame ラッパー

```
WarpFrame(env, width=84, height=84, grayscale=True, dict_space_key=None)
```

　画面イメージを 84 × 84 のグレースケールに変換します。データ量が少なくなるため学習速度が向上します。

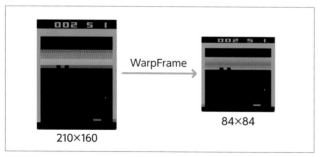

図 5-2-2 WrapFrame ラッパーの動作

◎ FrameStack ラッパー

```
FrameStack(env, k)
```

　直近 4 フレーム分の画面イメージを、環境の状態として利用します。直近 4 フレームから推論することで、連続した動きの特徴抽出が可能になります。アクションゲームなどで、特に有効なラッパーになります。

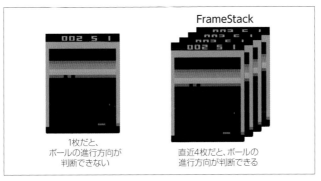

図 5-2-3 FrameStack ラッパーの動作

◎ ScaledFloatFrame ラッパー

```
ScaledFloatFrame(env)
```

　環境の状態を「255.0」で割ることで正規化します。画面イメージの要素の値は0～255のため、255で割っています。「正規化」とは、次元が違うデータを同じ単位（0.0～1.0）に変換して比較しやすくすることです。学習効率が上がることが期待されます。

◎ EpisodicLifeEnve ラッパー

```
EpisodicLifeEnv(env)
```

　Atari環境にはライフを持つゲームがあります。初期状態ではライフ3で、失敗ごとにライフが1減り、ライフ0になるとエピソード完了になります。

　複数回の失敗を待つのは時間がかかるので、このラッパーを使うことで、ライフが1減った段階でエピソード完了にできます。ただし、1回失敗しただけでゲームリセットしてしまうと、初期状態ばかり学習することになってしまうため、環境リセットはライフ0になった時だけにしています。

◎ Atari 環境を生成するメソッド

　「atari_wrapper.py」には、Atari環境を生成する便利メソッドがあります。「NoFrameskip」でないAtari環境は、前処理として「NoopResetEnvラッパー」「MaxAndSkipEnvラッパー」と、Commonラッパー（以降で解説）に含まれる「TimeLimitラッパー」が追加されています。引数は、「環境ID」と「最大ステップ数」になります。

```python
# Atari環境の生成
def make_atari(env_id, max_episode_steps=None):
    env = gym.make(env_id)
    assert 'NoFrameskip' in env.spec.id
    env = NoopResetEnv(env, noop_max=30)
    env = MaxAndSkipEnv(env, skip=4)
    if max_episode_steps is not None:
        env = TimeLimit(env, max_episode_steps=max_episode_steps)
    return env
```

◎ DeepMind スタイルのラッパーを追加するメソッド

DeepMind スタイルのラッパーを追加する便利メソッドです（以降のコラムも参照）。
引数は、「環境」と「EpisodicLifeEnv ラッパー」「ClipRewardEnv ラッパー」「FrameStack
ラッパー」「ScaledFloadFrame ラッパー」の有効・無効になります。

```python
# DeepMindスタイルのラッパー
def wrap_deepmind(env, episode_life=True, clip_rewards=True, frame_
stack=False, scale=False):
    if episode_life:
        env = EpisodicLifeEnv(env)
    if 'FIRE' in env.unwrapped.get_action_meanings():
        env = FireResetEnv(env)
    env = WarpFrame(env)
    if scale:
        env = ScaledFloatFrame(env)
    if clip_rewards:
        env = ClipRewardEnv(env)
    if frame_stack:
        env = FrameStack(env, 4)
    return env
```

> **COLUMN**
>
> ## DQN の論文
>
> DQN（Deep Q-Network）について、詳しくは米国コーネル大学図書館にあるアー
> カイブや、科学雑誌 Nature 誌の記事を参照してください。
>
> **Playing Atari with Deep Reinforcement Learning**
> https://arxiv.org/abs/1312.5602
>
> **Human-level control through deep reinforcement learning**
> https://www.nature.com/articles/nature14236

> **COLUMN**
>
> ## DeepMind 社とは
>
> 「DeepMind」は、2010 年に創業したイギリスの人工知能の研究を行っている企
> 業で、2014 年に Google によって買収されています。「DeepMind」のサイトには、
> 「知性を解明し、世界をよりよくするためにそれを活用する」というミッションが掲げ
> られており、1 つのアルゴリズムでさまざまな種類の Atari ゲームを攻略してみせた
> 「DQN」（Deep Q-network）や、人間のプロ囲碁棋士を初めて破った「AlphaGo」
> を発表するなど、大きな注目を集めています。
>
> **DeepMind**
> https://deepmind.com/

「Retro ラッパー」は、Retro 環境用の前処理を行う「環境ラッパー」です。「OpenAI Retro Contest」で考え出された各種手法が提供されています（以降のコラムを参照）。「OpenAI Baselines」のリポジトリの「retro_wrapper.py」に含まれています。内容の概要を、以降で解説します。

なお、「Gym Retro」については、次の 6 章で詳しく説明します。

> **retro_wrapper.py**
> https://github.com/openai/baselines/blob/master/baselines/common/retro_wrappers.py

◎ StochasticFrameSkip ラッパー

```
StochasticFrameSkip(env, n, stickprob)
```

FrameSkip ラッパーを拡張したラッパーです。n フレームごとに行動を選択し、n フレーム連続で同じ行動を採るようにします。n は引数で指定します。

さらに、一定確率で行動を 1 フレーム余分にすること（スティッキーアクション）により、「決定論的環境」を「確率論的環境」に置き換えます。これによって行動シーケンスの学習から、問題解決の学習に目的が変わります。

引数に「n=4」と「stickprob=0.25」を指定すると、4 フレームごとに行動を選択し、0.25% の確率で 1 フレーム遅延します。以下の図では、通常の 5 フレーム目から a_2 になるところ、1 フレーム遅延して a_1 になっています。それ以外は遅延が発生せず、通常どおりの行動に戻っています。

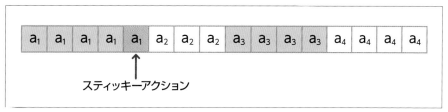

図 5-2-4 スティッキーアクションの模式図

◎ StartDoingRandomActions ラッパー

```
StartDoingRandomActionsWrapper(env, max_random_steps, on_startup=True,
every_episode=False)
```

環境リセット後、0 〜 30 ステップ（ランダム）の間、ランダム行動を実施します。ゲーム開始の初期状態にばらつきを与え、特定の開始状態に特化して学習しないようにします。

◎ Downsample ラッパー

```
Downsample(env, ratio)
```

画面イメージのサイズを任意の割合でサイズダウンします。

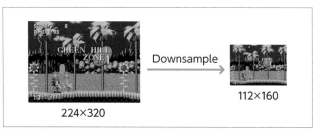

図 5-2-5 Downsample ラッパーの動作

◎ Rgb2gray ラッパー

```
Rgb2gray(env)
```

画面イメージをグレースケールに変換します。

図 5-2-6 Downsample ラッパーの動作

◎ AppendTimeout ラッパー

```
AppendTimeout(env)
```

タイムアウトを追加します。

◎ MovieRecord ラッパー

```
MovieRecord(env, savedir, k)
```

任意の数のエピソード毎にムービー（*.bk2）を保存します。ムービーは「Integration UI」や Python コードで再生できます。「Integration UI」については、6 章「6-3 ゲームインテグレーションの作成」で解説します。

◎ SonicDiscretizer ラッパー

```
SonicDiscretizer(env)
```

ソニックの行動空間を「MultiBinary(12)」から「Discrete(7)」に変換します。12個のボタンのON/OFFの組み合わせから、7つの行動に変換します。行動のパターン数が2^{12}=4096通りから、7通りに減るため、学習速度が向上します。これにより、ソニックで使う必要最小限の行動のみを選択できるようにしています。

　なお、ソニックの攻略は、7章で解説します。

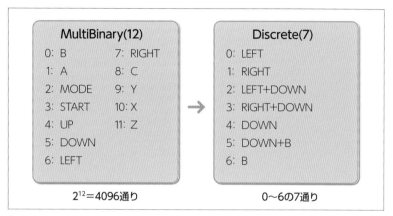

図 5-2-7 ソニック行動空間の変更

◎ RewardScaler ラッパー

```
RewardScaler(env, scale=0.01)
```

　報酬を 0.01 倍にスケーリングします。報酬を 0.0 〜 1.0 に「正規化」することによって、学習効率が上がります。

◎ AllowBacktracking ラッパー

```
AllowBacktracking(env)
```

　報酬を「現在のX座標－1フレーム前のX座標」を「現在のX座標－進捗したX座標の最大値（負の報酬はなし）」に変換するラッパーです。

◎ Retro 環境を生成するメソッド

　「retro_wrapper.py」には、Retro環境を生成する便利メソッドがあります。引数は、「Retroの環境ID」「Retroの環境状態」「最大エピソード数」「追加引数」になります。

```
def make_retro(*, game, state=None, max_episode_steps=4500, **kwargs):
    import retro
    if state is None:
        state = retro.State.DEFAULT
    env = retro.make(game, state, **kwargs)
    env = StochasticFrameSkip(env, n=4, stickprob=0.25)
    if max_episode_steps is not None:
        env = TimeLimit(env, max_episode_steps=max_episode_steps)
    return env
```

◎ DeepMind スタイルのラッパーを追加するメソッド

DeepMind スタイルのラッパーを追加する便利メソッドです。引数は、「環境」と
「ScaledFloatFrame ラッパー」「FrameStack ラッパー」の有効・無効になります。

```python
# DeepMindスタイルのラッパーの追加
def wrap_deepmind_retro(env, scale=True, frame_stack=4):
    env = WarpFrame(env)
    env = ClipRewardEnv(env)
    if frame_stack > 1:
        env = FrameStack(env, frame_stack)
    if scale:
        env = ScaledFloatFrame(env)
    return env
```

OpenAI Retro Contest

2018 年 4 月から 6 月にかけて、「OpenAI Retro Contest」が開催されました。「ソ
ニック・ザ・ヘッジホッグ」シリーズで強化学習モデルを学習させ、主催者の用意す
るオリジナルステージの攻略を競うコンテストになります。このコンテストによって、
レトロゲームを攻略するさまざまなテクニックが生み出されました。

OpenAI Retro Contest
https://contest.openai.com/2018-1/

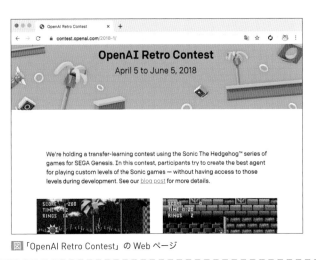

図 「OpenAI Retro Contest」の Web ページ

Common ラッパーの概要

「Common ラッパー」は、「OpenAI Baselines」で提供されている「環境ラッパー」です。
「OpenAI Baselines」のリポジトリの「wrappers.py」に含まれています。内容の概要を、
以降で解説します。

前処理

wrappers.py

https://github.com/openai/baselines/blob/master/baselines/common/wrappers.py

◎ ClipActionsWrapper ラッパー

```
ClipActionsWrapper(env, action)
```

行動空間の low と high で行動をクリッピングします。

◎ TimeLimit ラッパー

```
TimeLimit(env, max_episode_steps=None)
```

1 エピソードの最大ステップ数を指定します。

VecEnv ラッパーの概要

「Stable Baselines」は、ベクトル化環境専用のラッパーである「VecEnv ラッパー」を提供しています。内容の概要を、以降で解説します。

◎ VecNormalize ラッパー

```
VecNormalize(venv, training=True, norm_obs=True, norm_reward=True, clip_
obs=10.0, clip_reward=10.0, gamma=0.99, epsilon=1e-08)
```

状態と報酬を正規化するために、移動平均と標準偏差を計算します。これを使用する場合は、モデル保存時に、平均値と標準値を保存する必要があります。保存を行わないと、エージェントを再度ロードしたときに適切な結果が得られません。

◎ VecFrameStack ラッパー

```
VecFrameStack(venv, n_stack)
```

連続した複数の状態をスタックします。状態と時間を統合するのに便利です。

OpenAI Baselines のインストール

これまで紹介した「Atari ラッパー」「Retro ラッパー」「Common ラッパー」は、「Stable Baselines」には含まれていないため、「OpenAI Baselines」をインストールする必要があります。

OpenAI Baselines

https://github.com/openai/baselines

「OpenAI Baselines」をインストールするには、以下のコマンドを入力します。

```
$ git clone https://github.com/openai/baselines.git
$ cd baselines
$ pip install -e .
```

 Breakout の学習とテスト

それでは、前節でも取り上げた「Breakout」に、前処理として環境ラッパーを追加し、実行してテストしてみます。

▌ コードの実装

前節のコードに「環境ラッパー」を追加します。

`breakout.py（追加）`

```
from baselines.common.atari_wrappers import *
```

`breakout.py（変更前）`

```
env = gym.make(env_id)
if rank == 0:
    env = Monitor(env, log_dir, allow_early_resets=True)
env.seed(seed + rank)
```

`breakout.py（変更後）`

```
env = gym.make(env_id)
env = NoopResetEnv(env, noop_max=30) # 環境リセット後の数ステップ間の行動「NOOP」
env = MaxAndSkipEnv(env, skip=4) # 4フレームごとに行動を選択
env = FireResetEnv(env) # 環境リセット後の行動「FIRE」
env = WarpFrame(env) # 画面イメージを84×84のグレースケールに変換
env = ScaledFloatFrame(env) # 状態の正規化
env = ClipRewardEnv(env) # 報酬の「-1」「0」「1」クリッピング
env = EpisodicLifeEnv(env) # ライフ1減でエピソード完了
if rank == 0:
    env = Monitor(env, log_dir, allow_early_resets=True)
env.seed(seed + rank)
```

▌ コードの実行

修正したコードを実行してみます。

```
$ python breakout.py
```

前処理

```
time: 2019-11-13 13:54:42.305057+09:00, num_update: 9, mean: 0.30, best_mean: 0.30,
model_update: True
time: 2019-11-13 13:55:00.707891+09:00, num_update: 19, mean: 0.60, best_mean: 0.60,
model_update: True
time: 2019-11-13 13:55:19.180338+09:00, num_update: 29, mean: 0.20, best_mean: 0.60,
model_update: False
```
（省略）
```
time: 2019-11-13 14:31:04.182435+09:00, num_update: 1229, mean: 2.60, best_mean:
2.60, model_update: True
time: 2019-11-13 14:31:21.785780+09:00, num_update: 1239, mean: 1.70, best_mean:
2.60, model_update: False
time: 2019-11-13 14:31:39.462303+09:00, num_update: 1249, mean: 2.00, best_mean:
2.60, model_update: False
```

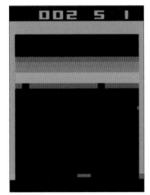

図 5-2-8
前処理に環境ラッパーを追加して
Breakoutを攻略

　学習時間は「120分」（GPUありで40分）、ベストスコアは「7.8」になりました。ロ
グのスコアは「2.6」ですが、「ライフ1減でエピソード完了」の前処理を追加しているので、
3倍にしています。これは、「前処理なし」と比べて1.5倍のスコアになります。

5-3 ハイパーパラメータの調整

この節では、前処理による学習の効率化に加えて、強化学習のハイパーパラメータを最適化することで、さらに学習速度とスコアを向上させる方法を解説します。

強化学習アルゴリズムのハイパーパラメータの調整

「ハイパーパラメータ」は、人工知能が自動的に学習しない、人間が指定する必要があるパラメータのことを指します。強化学習アルゴリズムには、アルゴリズムごとにさまざまな「ハイパーパラメータ」が存在します。

「Stable Baselines」では「ハイパーパラメータ」の多くは、モデルクラスのコンストラクタで指定します。たとえば、「PPO」のコンストラクタの書式は、次のとおりです。

```
PPO2(policy, env, verbose=0, tensorboard_log=None, seed=None,
    n_steps=128, nminibatches=4, noptepochs=4,
    cliprange=0.2, gamma=0.99, lam=0.95,
    vf_coef=0.5, ent_coef=0.01,
    learning_rate=0.00025)
```

説明：PPO の生成

引数：policy（ActorCriticPolicy or str 型）　方策

env（Gym environment or str 型）環境

verbose（int 型）　　　　ログの詳細表示（0：なし、1：訓練情報、2：Tensor Flow デバッグ）

tensorboard_log（str 型）TensorBoard のログの出力先

seed（int 型）　　　　　乱数シード

n_steps（int 型）　　　　方策更新前に収集する経験の数（ステップ数）

nminibatches（int 型）　勾配降下に使うミニバッチのサイズ

noptepochs（int 型）　　収集した経験を勾配降下にかける回数

cliprange（float or callable 型）　旧方策と新方策の比率に対する許容限界

gamma（float 型）　　　将来の報酬割引率

lam（float 型）　　　　GAE のバイアスと分散のトレードオフ

vf_coef（float 型）　　　損失計算の価値関数係数

ent_coef（float 型）　　損失計算のエントロピー係数

learning_rate（float or callable 型）　学習率

「PPO」は、代理損失関数を使用して方策の更新を行い、パフォーマンスの壊滅的な低下を回避する「Policy Gradient」（PG）なアルゴリズムです。

このアルゴリズムは「ハイパーパラメータ」に寛容で、初期設定のままでも学習が進むという利点があります。しかし、最適な「ハイパーパラメータ」を指定することにより、

結果が改善される場合も少なくありません。

今回は、この「PPO」の「ハイパーパラメータ」について説明します。

Epoch、MiniBatch、Horizon ハイパーパラメータの概要

「方策」は、エージェントが実行できる一連の行動を決定します。「Policy Gradient」では、エージェントは環境と対話して報酬を取得し、その報酬を使用して方策を改善します。方策更新時に古い経験は破棄され、新しい方策を使用して新しい経験を収集するためです。

そのため、オフポリシーな強化学習アルゴリズムに比べて、「Policy Gradient」はサンプル効率が悪いとされています。「Policy Gradient」には、2つのステップがあります。

① 「経験」（状態、報酬、行動のセット）を収集
② 「方策」を改善

ここで、考慮すべき問題が2つあります。「方策を更新する前にエージェントが収集すべき経験量」と、「古い方策を新しい方策に更新する方法」です。

「方策を更新する前にエージェントが収集すべき経験量」に関するハイパーパラメータには、「Epoch」「MiniBatch」「Horizon」があります。「Horizon」は方策更新前に収集する経験の数（ステップ数）です。この収集した経験を使って、ミニバッチのサイズ「MiniBatch」でエポック数「Epoch」の「勾配降下」を実行します。

「勾配降下」は、予測の誤差を最小にするパラメータを見つけるために用いるアルゴリズムになります。

表 5-3-1 エージェントが収集すべき経験量に関わるハイパーパラメータ

ハイパーパラメータ	引数	説明	一般的な範囲
Horizon	n_steps	方策更新前に収集する経験の数（ステップ数）	32〜5000
MiniBatch	nminibatches	勾配降下に使うミニバッチのサイズ	4〜4096 ※
Epoch	noptepochs	収集した経験を勾配降下にかける回数	3〜30

※ 分散実装ではさらに高くなる可能性がある。

Clipping paramater(ε)、Discount(γ)、GAE paramater(λ)ハイパーパラメータの概要

2番目の問題「古い方策を新しい方策に更新する方法」に戻ります。方策が大幅に更新されると、方策のパフォーマンスが大幅に低下し、回復しなくなる可能性があります。「PPO」は代理損失関数を使用して、古い方策から新しい方策への更新を安全な範囲内に保ちます。

「古い方策を新しい方策に更新する方法」に関するハイパーパラメータには、「Clipping paramater(ε)」「Discount(γ)」「GAE paramater(λ)」があります。

「Clipping paramater(ε)」は、旧方策と新方策の比率に対する許容限界で、この値

を小さくすると突発的な方策破壊を防ぐことができます。「Discount(γ)」は、将来の報酬割引率で、遠い将来のためにエージェントが行動している時は大きな値、近い将来のためにエージェントが行動している時は小さな値を設定するとよいでしょう。「GAE paramater(λ)」は、GAE（Generalized Advantage Estimation）のバイアスと分散のトレードオフを行うパラメータです。

表 5-3-2 古い方策の新しい方策に更新に関わるハイパーパラメータ

ハイパーパラメータ	引数	説明	一般的な範囲
Clipping paramater(ε)	cliprange	旧方策と新方策の比率に対する許容限界	0.1、0.2、0.3
Discount(γ)	gamma	将来の報酬割引率	0.99、0.8〜0.9997
GAE paramater(λ)	lam	GAEのバイアスと分散のトレードオフ	0.9〜1

価値関数係数とエントロピー係数ハイパーパラメータの概要

「PPO」の損失関数には、「価値関数係数」と「損失関数係数」という2つの係数が含まれています。「エントロピー係数」は、エントロピーの正則化の強さです。値を大きくすると、行動の決定がよりランダムになります。

行動空間が離散の場合、エントロピーの減少が速すぎる時は「エントロピー係数」を増やし、エントロピーの減少が遅すぎる時は減らすとよいでしょう。

表 5-3-3 損失関数の係数に関わるハイパーパラメータ

ハイパーパラメータ	引数	説明	一般的な範囲
価値関数係数	vf_coef	損失計算の価値関数係数	0.5、1
エントロピー係数	ent_coef	損失計算のエントロピー係数	0〜0.01

終了条件と学習率ハイパーパラメータの概要

「終了条件」と「学習率」は、多くの強化学習アルゴリズムで利用される、より一般的なハイパーパラメータです。学習の「終了条件」は、任意の数の「ステップ数」、または「コールバック関数」で指定します。

書式　`model.learn(total_timesteps=<ステップ数>, callback=<コールバック関数>)`

「学習率」は、方策を一度にどの程度更新するかを決める値です。学習率が小さ過ぎると学習がなかなか進まず、学習率が大き過ぎると最適値を通り越して値が発散してしまいます。報酬が継続的に増加しないような場合は、値を小さくするとよいでしょう。

表 5-3-4 学習率ハイパーパラメータ

ハイパーパラメータ	引数	説明	一般的な範囲
学習率	lr	勾配降下の初期の学習率	0.003〜5e-6

Breakout の学習とテスト

ハイパーパラメータの調整の効果を確認するために、ここでも「Breakout」を例にします。

コードの実装

前節のコードに、ハイパーパラメータを追加します。「cliprange」をデフォルト値「0.2」から「0.1」に変更しました。

breakout.py（変更前）

```
model = PPO2('CnnPolicy', train_env, verbose=0)
```

breakout.py（変更後）

```
model = PPO2('CnnPolicy', train_env, verbose=0, cliprange=0.1)
```

実績のあるハイパーパラメータの情報やハイパーパラメータの最適化の方法については、4章「4-8 Stable Baselines Zoo による学習済みモデルの実行」を参照してください。

コードの実行

修正した作成したコードを実行してみます。

```
$ python breakout.py
time: 2019-11-13 13:13:10.607314+09:00, num_update: 9, mean: 0.30, best_
mean: 0.30, model_update: True
time: 2019-11-13 13:13:29.093108+09:00, num_update: 19, mean: 0.40,
best_mean: 0.40, model_update: True
time: 2019-11-13 13:13:47.783315+09:00, num_update: 29, mean: 0.00,
best_mean: 0.40, model_update: False
     :
time: 2019-11-13 13:48:20.085976+09:00, num_update: 1229, mean: 2.60,
best_mean: 4.40, model_update: False
time: 2019-11-13 13:48:37.519801+09:00, num_update: 1239, mean: 4.50,
best_mean: 4.50, model_update: True
time: 2019-11-13 13:48:54.931205+09:00, num_update: 1249, mean: 3.10,
best_mean: 4.50, model_update: False
```

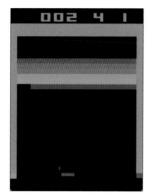

図 5-3-1
ハイパーパラメータを調整して
Breakoutを攻略

　学習時間は「105 分」（GPU ありで 35 分）、ベストスコアは「13.5」になりました。ログのスコアは「4.5」ですが、「ライフ 1 減でエピソード完了」の前処理を追加しているので、3 倍にしています。これは、「前処理なし」と比べて 2.25 倍、「前処理のみ」と比べて 1.5 倍のスコアになります。

　「GPU あり」は、次の「5-4 クラウド学習」での実行結果になります。

表 5-3-5 前処理の追加とハイパーパラメータの調整による効率化の向上

スコアと時間	前処理なし	前処理のみ	前処理+ハイパーパラメータ
スコア	5.1	7.8（2.6×3）	13.5（4.5×3）
時間（GPUなし）	135分	120分	105分
時間（GPUあり）	45分	40分	35分

クラウド学習

これまでは、前処理やパラメータの調整といった実装面で効率化を図る方法を解説しましたが、この節ではクラウドの強力なマシンパワーを使うことで、学習時間を向上させます。

そこで、無償で高性能な GPU が使える「Google Colab」を使ってクラウド学習を行います。ただし、クラウドではゲーム画面を表示するテストはできないので、学習後に学習済みモデルをローカルマシンにダウンロードしてテストします。

Google Colab のノートブックの作成

はじめに「Google Drive」で「Google Colab」のノートブックを作ります（ここではファイル名「breakout.ipynb」で作成）。そして、メニュー「編集→ノートブック設定」で「GPU」を有効にします。操作の詳細は、2 章「2-2 Google Colab の準備」で解説しているので、参照してください。

ファイルのアップロード

「Google Drive」のマイドライブ直下に「work」フォルダを作成し、そこに以下のファイルをアップロードします。

- breakout.py
- util.py

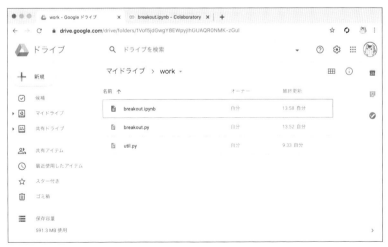

図 5-4-1 必要なファイルを Google Drive へアップロード

そして、「Google Colab」のノートブックで以下のコマンドを入力して、「Google Drive」から「Google Colab」にコピーします。なお、「work」フォルダ以外からコピーする場合は、パスを変更してください。

```
breakout.ipynb
# Google Driveのマウント
from google.colab import drive
drive.mount('/content/drive')
```

```
breakout.ipynb(続き)
# コードのGoogle Driveからのコピー
!cp /content/drive/My\ Drive/work/breakout.py .
!cp /content/drive/My\ Drive/work/util.py .
!ls
```

Google Colab のファイルのバージョン管理

「Google Colab」のファイルは上書きしても内部的に残っています。そのため、ブラウザから見たファイル名は「breakout.py」でも、ファイルシステム上は「breakout.py(2)」のように別の名前が割り当てられていることがあります。

ファイルコピーがうまくいかない（最新版に更新されない）場合は、ファイルを右クリックして「版を管理」で昔のバージョンを消すとよいでしょう。

図 Google Colab の「版を管理」画面

Stable Baselines と OpenAI Baselines のインストール

Google Colabに、「Stable Baselines」と「OpenAI Baselines」をインストールします。

```
# Stable Baselinesのインストール
!pip install stable-baselines==2.8
```

```
# OpenAI Baselinesのインストール
!git clone https://github.com/openai/baselines.git
%cd baselines
!pip install -e .
%cd ..
```

学習コードの実行

　「Stable Baselines」と「OpenAI Baselines」をインストールし準備ができたら、アップロードした breakout.py を実行して、学習を開始します。

　期待した報酬のベストモデルが生成できた場合は、メニュー「ランタイム→実行を中断」で学習を途中で終了させることもできます。

```
!python breakout.py
time: 2019-12-01 16:30:29.211688+09:00, num_update: 9, mean: 0.40, best_
mean: 0.40, model_update: True
time: 2019-12-01 16:30:48.250125+09:00, num_update: 19, mean: 0.40, best_
mean: 0.40, model_update: False
time: 2019-12-01 16:31:07.294194+09:00, num_update: 29, mean: 0.40, best_
mean: 0.40, model_update: False
        （省略）
time: 2019-12-01 17:07:09.218387+09:00, num_update: 1229, mean: 3.30,
best_mean: 4.20, model_update: False
time: 2019-12-01 17:07:28.101909+09:00, num_update: 1239, mean: 3.30,
best_mean: 4.20, model_update: False
time: 2019-12-01 17:07:46.816536+09:00, num_update: 1249, mean: 3.20,
best_mean: 4.20, model_update: False
```

　学習時間は「35分」で、ローカルマシンで実行した時（105分）より速くなっています。スコアは学習状況により多少上下しますが、ほぼ同じになりました（表5-3-5を参照）。

モデルとログの Google Drive へのコピー

　学習が終わったら、「best_model.pkl」と「monitor.csv」を「Google Drive」の「My Drive」の「work」にコピーします。

```
# モデルとログのGoogle Driveへのコピー
!cp breakout_model.zip /content/drive/My\ Drive/work/breakout_model.zip
!zip -r logs.zip logs
!cp logs.zip /content/drive/My\ Drive/work/logs.zip
```

COLUMN

Google Colab の 90 分問題の対策

2 章「2-3 Google Colab の準備」で取り上げた「Google Colab」の 90 分問題の対策は、以下の Python コードを使うと便利です。以下のリスト中の＜任意のノートブックの URL＞ を実行中のノートブックの URL に変更して実行してください。

open_browser.py

```python
import time
import datetime
import webbrowser

# 1時間毎に任意のノートブックを開く
for i in range(12):
    browse = webbrowser.get('chrome')
    browse.open('<任意のノートブックのURL>')
    print(i, datetime.datetime.today())
    time.sleep(60*60)
```

コードを実行すると、1 時間毎に任意のノートブックを開きます。

```
$ python open_browser.py
0 2019-10-13 09:44:07.720628
1 2019-10-13 10:44:08.058598
2 2019-10-13 11:44:08.331189
3 2019-10-13 12:44:08.522846
```

クラウド学習

5-5 模倣学習による Atari 環境の学習

Atari 環境の「Breakout」に関しては、これまでの解説で強化学習の効率化を図ることができました。この節では、ボーリングゲーム「Bowling」を例に、ランダム行動では報酬を見つけ難い環境に対応するための「模倣学習」の実装について解説します。

「Stable Baselines」での模倣学習

「Stable Baselines」で使える模倣学習のアルゴリズムは「BC」と「GAIL」がありますが、「Stable Baselines」の「GAIL」は画像による訓練に未対応のため、ここでは「BC」を使います。「Stable Baselines」では「BC」を事前学習（強化学習を行う前に実行できる学習）として実行します。「Stable Baselines」の事前学習は「BC」のみになります。
「BC」と「GAIL」については、4 章の「4-2 模倣学習の種類と概要」で解説しているので、参照してください。

「Bowling」の概要

今回は模倣学習を使って、Atari 環境の 1 つである「Bowling」の攻略を行います。
「UP」「DOWN」で位置を選択し、「FIRE」でボールを投げます。その後、「UP」「DOWN」でボールを曲げます。「LEFT」「RIGHT」は「UP」「DOWN」と同様の動作になります。

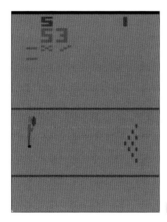

図 5-5-1 「Bowling」の画面

「Bowling」は、ランダム行動からはじまる強化学習では学習が困難な環境です。ボールがピンにたどり着くまで行動「NOOP」（No Operation）を採り続けることで報酬を獲得できますが、ランダム行動では「NOOP」を取り続けるのは困難なためです。
人間のプレイデモを模倣学習で覚えさせることによって、このような環境も攻略することができます。

表 5-5-1 Bowling の強化学習の要素

強化学習の要素	Bowling
目的	ハイスコア
行動	0：NOOP（No Operation） 1：FIRE 2：LEFT 3：RIGHT 4：UP 5：DOWN
状態	210×160×3の画面イメージ（各ドットは0〜255）
報酬	スコア
エピソード完了	10ゲーム終わった時

コードの一覧

人間のデモを収集する「bowling_demo.py」と、模倣学習による事前学習と強化学習を行う「bowling.py」の2つを用意します。

- **bowling_demo.py**：人間のデモを収集するコード
- **bowling.py**：Bowling の事前学習と強化学習を行うメインとなるコード

人間のデモの収集

人間のデモを収集するコードを作成します。

`bowling_demo.py`

```python
import random
import pyglet
import gym
import time
from pyglet.window import key
from stable_baselines.gail import generate_expert_traj
from baselines.common.atari_wrappers import *

# 環境の生成(1)
env = gym.make('BowlingNoFrameskip-v0')
env = MaxAndSkipEnv(env, skip=4) # 4フレームごとに行動を選択
env = WarpFrame(env) # 画面イメージを84×84のグレースケールに変換
env.render()

# キーイベント用のウィンドウの生成(2)
win = pyglet.window.Window(width=300, height=100, vsync=False)
key_handler = pyglet.window.key.KeyStateHandler()
```

```
win.push_handlers(key_handler)
pyglet.app.platform_event_loop.start()

# キー状態の取得(3)
def get_key_state():
    key_state = set()
    win.dispatch_events()
    for key_code, pressed in key_handler.items():
        if pressed:
            key_state.add(key_code)
    return key_state

# キー入力待ち(4)
while len(get_key_state()) == 0:
    time.sleep(1.0/30.0)

# 人間のデモを収集するコールバック(6)
def human_expert(_state):
    # キー状態の取得
    key_state = get_key_state()

    # 行動の選択
    action = 0
    if key.SPACE in key_state:
        action = 1
    elif key.UP in key_state:
        action = 2
    elif key.DOWN in key_state:
        action = 3

    # スリープ
    time.sleep(1.0/30.0)

    # 環境の描画
    env.render()

    # 行動の選択
    return action

# 人間のデモの収集(5)
generate_expert_traj(human_expert, 'bowling_demo', env, n_episodes=1)
```

■▶ (1) 環境の生成

「Bowling」環境を生成するために、環境IDに「BowlingNoFrameskip-v0」を指定します。そして前処理として、「MaxAndSkipEnv ラッパー」「WarpFrame ラッパー」を追加します。

```
env = gym.make('BowlingNoFrameskip-v0')
env = MaxAndSkipEnv(env, skip=4) # 4フレームごとに行動を選択
env = WarpFrame(env) # 画面イメージを84×84のグレースケールに変換
env.render()
```

▶ (2) キーイベント用のウィンドウの生成

「pyglet」を使ってウィンドウを生成し、キーイベントを受け取ります。「pyglet」は、ゲームやマルチメディアアプリケーション作成のためのライブラリになります。

> **pyglet**
> http://pyglet.org/

キーイベント用のウィンドウを生成した後、キーハンドラを生成してウィンドウに追加し、イベントループを開始します。これによって、ウィンドウからキーハンドラ経由でキーイベントを受け取れるようになります。

```
# キーイベント用のウィンドウの生成
win = pyglet.window.Window(width=300, height=100, vsync=False)
key_handler = pyglet.window.key.KeyStateHandler()
win.push_handlers(key_handler)
pyglet.app.platform_event_loop.start()
```

表 5-5-2 pyglet の主なクラスとメソッド

クラス／メソッド	説明
`pyglet.window.Window(width, height, vsync)`	ウィンドウの生成。引数は幅と高さと垂直同期
`pyglet.window.key.KeyStateHandler()`	キーハンドラの生成
`win.push_handlers(key_handler)`	ウィンドウにキーハンドラを追加。引数はキーハンドラ
`pyglet.app.platform_event_loop.start()`	イベントループの開始
`win.dispatch_events()`	ウィンドウのキー状態をキーハンドラに反映
`key_handler.items()`	キーハンドラから押下中のキーのリストを取得

▶ (3) キー状態の取得

キー状態を取得するための get_key_state() を作成します。win.dispatch_events() でウィンドウのキー状態をキーハンドラに反映し、key_handler.items() でキー情報を取得し、key_state 配列で押下状態のキーを保持します。

```
# キー状態の取得
def get_key_state():
    key_state = set()
    win.dispatch_events()
    for key_code, pressed in key_handler.items():
```

```
        if pressed:
            key_state.add(key_code)
    return key_state
```

▶ （4）キー入力待ち

　コード実行後、すぐに人間のデモの収集が始まってしまうと、「キー入力ウィンドウ」をフォーカスする時間がないので、フォーカス後に何かキーを押されるまで、処理が進まないようにしています。

```
# キー入力待ち
while len(get_key_state()) == 0:
    time.sleep(1.0/30.0)
```

▶ （5）人間のデモの収集

　人間のデモの収集は、generate_expert_traj() で実行します。

> generate_expert_traj(model, save_path=None, env=None, n_timesteps=0, n_episodes=100, image_folder='recorded_images')
> **説明**：人間のデモの収集
> **引数**：model（モデル or コールバック型）　モデルまたはコールバック
> 　　　　save_path（str 型）　　　　保存先のデモファイルのパス（拡張子なし）
> 　　　　env（gym.Env 型）　　　　　環境
> 　　　　n_timesteps（int 型）　　　モデルの学習ステップ数
> 　　　　n_episodes（int 型）　　　　記録するエピソード数
> 　　　　image_folder（str 型）　　画像を使用する場合の保存先フォルダ
> **戻り値**：demo（dict 型）　　　　デモ

　1 つ目の引数は、人間のデモを収集する時のコールバックです。ほかの学習済みモデルのデモを収集する場合は、コールバックではなくモデルを指定します。今回は、人間のデモを 1 エピソード（10 ゲーム分）収集します。

```
generate_expert_traj(human_expert, 'bowling_demo', env, n_episodes=1)
```

▶ （6）人間のデモを収集するコールバック

　人間のデモを収集するコールバックの書式は、次のとおりです。

> human_expert(_state):
> **説明**：人間のデモを収集する時のコールバック
> **引数**：_state（Object 型）　　状態
> **戻り値**：action（Object 型）　　行動

今回は、キー状態を取得し、それを行動に変換し返しています。さらに、人間が操作しやすいように、スリープでフレームレートを 1/30 秒に調整します。そして、環境の描画も行っています。

```python
# 人間のデモを収集するコールバック
def human_expert(_state):
    # キー状態の取得
    key_state = get_key_state()

    # 行動の選択
    action = 0
    if key.SPACE in key_state:
        action = 1
    elif key.UP in key_state:
        action = 2
    elif key.DOWN in key_state:
        action = 3

    # スリープ
    time.sleep(1.0/30.0)

    # 環境の描画
    env.render()

    # 行動の選択
    return action
```

 人間のデモの収集の実行

コードを実行して、人間のデモの収集を実行します。

```
$ python bowling_demo.py
```

「描画ウィンドウ」と「キー操作ウィンドウ」の 2 つのウィンドウが表示されます。1 つのウィンドウにするのは実装が大変なので、分離したままにしています。

図 5-5-2 キー操作ウィンドウで操作を行う

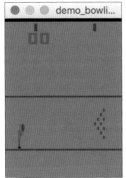

図 5-5-3 描画ウィンドウで実行される

コードを実行後、「キー操作ウィンドウ」をフォーカス後に何かキーを押すことで、人間のデモの収集が開始されます。PC 環境でのキー操作方法は、次のとおりです。

無操作が多すぎると、「この状態では操作しない」ということを覚えてしまうので、注意してください。

- **上キー**：上移動／ボールを上に曲げる
- **下キー**：下移動／ボールを下に曲げる
- **スペースキー**：ボールを投げる

今回は、1 エピソード分（10 ゲーム）の記録で終了となります。成功すると、人間のデモの記録が「bowling_demo.npz」と「recorded_images フォルダ」に出力されます。

「npz ファイル」は、Python の辞書形式を保存しています。キーは「actions」「episode_returns」「rewards」「obs」「episode_starts」があり、obs は画像への相対パスになります。

「recorded_images フォルダ」には、各状態の画像が保存されます。デモの長さにもよりますが、3000 枚ほどの画像が保存されます。

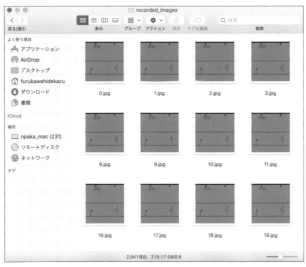

図 5-5-4 デモの記録画像が保存される「recorded_images」フォルダ

模倣学習による事前学習と強化学習

　人間のデモ「bowling_demo.npz」「recorded_images」フォルダを使って、事前学習を行います。

```
bowling.py

import gym
import time
from stable_baselines import PPO2
from stable_baselines.common.vec_env import DummyVecEnv
from stable_baselines.gail import ExpertDataset, generate_expert_traj
from baselines.common.atari_wrappers import *

# 環境の生成
env = gym.make('BowlingNoFrameskip-v0')
env = MaxAndSkipEnv(env, skip=4) # 4フレームごとに行動を選択
env = WarpFrame(env) # 画面イメージを84×84のグレースケールに変換
env = DummyVecEnv([lambda: env])

# デモの読み込み(1)
dataset = ExpertDataset(expert_path='bowling_demo.npz',verbose=1)

# モデルの生成
model = PPO2('CnnPolicy', env, verbose=1)

# モデルの読み込み
# model = PPO2.load('bowling_model', env=env)

# モデルの事前訓練(2)
model.pretrain(dataset, n_epochs=1000)

# モデルの学習(3)
# model.learn(total_timesteps=256000)

# モデルの保存
model.save('bowling_model')

# モデルのテスト
state = env.reset()
total_reward = 0
while True:

    # 環境の描画
    env.render()

    # スリープ
    time.sleep(1/60)

    # モデルの推論
```

縦書き：模倣学習による Atari 環境の学習

```
    action, _ = model.predict(state)

    # 1ステップ実行
    state, reward, done, info = env.step(action)
    total_reward += reward[0]
    if done:
        print('reward:', total_reward)
        state = env.reset()
        total_reward = 0
```

◼ (1) デモの読み込み

デモの読み込みは、ExpertDataset() を使います。

ExpertDataset(expert_path=None, traj_data=None, train_fraction=0.7,
batch_size=64, traj_limitation=-1, randomize=True, verbose=1, sequential_
preprocessing=False)

説明：デモの読み込み

引数：expert_path（str 型）　　　 デモファイルのパス（.npz）
　　　　traj_data（dic 型）　　　　 デモ（expert_path と排他）
　　　　train_fraction（float 型）　学習と検証の割合（0 〜 1）
　　　　batch_size（int 型）　　　　ミニバッチサイズ
　　　　traj_limitation（int 型）　　使用するデモの数（−1 はすべて）
　　　　randomize（bool 型）　　　 シャッフルするかどうか
　　　　verbose（int 型）　　　　　 ログの詳細表示
　　　　sequential_preprocessing（bool 型）　サブプロセスを使用してデータを前処
　　　　　　　　　　　　　　　　　　　理しない（遅いがメモリ使用量が少ない）

今回は、「bowling_demo.npz」を読み込んで、ログの詳細表示を有効にしています。

```
dataset = ExpertDataset(expert_path='bowling_demo.npz', verbose=1)
```

◼ (2) モデルの事前学習

モデルの事前学習を行うには、model.pretrain() を使います。

pretrain(dataset, n_epochs=10, learning_rate=0.0001, adam_epsilon=1e-08, val_
interval=None)

説明：モデルの事前学習

引数：dataset（ExpertDataset 型）データセット
　　　　n_epochs（int 型）　　　　 学習の反復回数
　　　　learning_rate（float 型）　学習率
　　　　adam_epsilon（float 型）　Adam オプティマイザーの ε
　　　　val_interval（int 型）　　　 n エポック毎に学習と検証の損失を出力

今回は、1000 エポック学習しています。

```
model.pretrain(dataset, n_epochs=1000)
```

▶ (3) モデルの学習

人間のデモを使った事前学習が完了したら、以降で解説するように、その学習結果を使ってさらに強化学習を行うこともできます。模倣学習の結果を確認した後に、コメントアウトを外して試してみます。

```
# model.learn(total_timesteps=256000)
```

npz ファイルの中身を調べる

「npz ファイル」の中身を調べるコードは、次のとおりです。

check_npz.py

```
import sys
import numpy as np

FILE_NAME = sys.argv[1]
demo = np.load(FILE_NAME)
for key, value in demo.iteritems():
    print(key, ':', value)
```

「bowling_demo.npz」を調べるには、以下のコマンドを実行します。

```
$ python check_npz.py bowling_demo.npz
actions : [[0]
 [0]
 [0]
（省略）
 [0]
 [0]
 [0]]
obs : ['recorded_images/0.jpg' 'recorded_images/1.jpg' 'recorded_
images/2.jpg'
（省略） 'recorded_images/2938.jpg' 'recorded_images/2939.jpg'
 'recorded_images/2940.jpg']
rewards : [0. 0. 0. ... 0. 0. 0.]
episode_returns : [9.]
episode_starts : [ True False False ... False False False]
```

模倣学習による事前学習の実行

コードを実行して、模倣学習による事前学習を実行します。

```
$ python bowling.py
Pretraining with Behavior Cloning...
==== Training progress 10.00% ====
Epoch 100
Training loss: 0.219319, Validation loss: 0.200449
==== Training progress 20.00% ====
Epoch 200
Training loss: 0.161787, Validation loss: 0.151961
    （省略）
==== Training progress 100.00% ====
Epoch 1000
Training loss: 0.082491, Validation loss: 0.165855
```

学習時間は「14分」ほどかかります。スコアは「143.7」ほどになりました。動作テストでは、ボーリングのボールをまっすぐ投げてピンを倒している場面をゲーム画面で見ることができます。

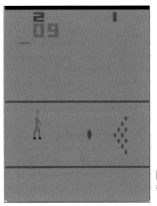

図 5-5-5
模倣学習による
「Bowling」の実行結果

強行学習による学習の実行

最後に、模倣学習を行ったモデルを読み込んで、さらに強化学習の実行を試してみましょう。以下のように、「モデルの生成」「モデルの事前学習」をコメントアウトし、「モデルの読み込み」「モデルの学習」のコメントアウトをはずします。学習するステップ数は「256000」としました。

```
# モデルの生成
# model = PPO2('CnnPolicy', env, verbose=1)

# モデルの読み込み
model = PPO2.load('bowling_model', env=env)

# モデルの事前訓練（2）
# model.pretrain(dataset, n_epochs=1000)

# モデルの学習（3）
model.learn(total_timesteps=256000)
```

コードを実行して、学習を行います。

```
$ python bowling.py
--------------------------------------
| approxkl           | 0.05647633    |
| clipfrac           | 0.044921875   |
| explained_variance | 0.534         |
| fps                | 185           |
| n_updates          | 1             |
| policy_entropy     | 0.0661623     |
| policy_loss        | -0.006077887  |
| serial_timesteps   | 128           |
| time_elapsed       | 1.91e-06      |
| total_timesteps    | 128           |
| value_loss         | 0.05731789    |
--------------------------------------
```
（省略）

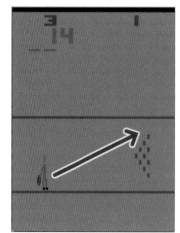

ガターは回避するが、
スコアは少ない

図 5-5-6 事前学習と強化学習を終えたモデ
ルを使った学習結果

学習時間は「32分」ほどかかります。スコアは残念ながら「30.0」に下がってしまいました。画面下から上に曲げて投げるやり方で、ガターを回避していますが、スコアは少なくなります。「強化学習のみ」でも学習してみましたが、同じ投げ方でスコアは「35.0」となりました。

　「Bowling」ではランダム行動による強化学習は困難なため、模倣学習のみのほうがよさそうなことがわかりました。

表 5-5-3 スコアと時間の比較

スコア／時間	模倣学習のみ	模倣学習＋強化学習	強化学習のみ
スコア	143.7	30.0	35.0
時間	14分	14分＋32分	32分

6 Gym Retro

前章では、OpenAI Gym の Atari 環境を攻略するための強化学習アルゴリズムの実装と、強化学習をサポートするための「模倣学習」について解説しました。この章では、OpenAI Gym の「Gym Retro」環境の攻略を取り上げます。次章では、「ソニック・ザ・ヘッジホッグ」（メガドライブ／セガ）を攻略しますが、その前段となる解説になります。

Gym Retro には、「メガドライブ」「スーパーファミコン」「PC エンジン」「Atari2600」などのレトロゲーム機のエミュレータが搭載され、これを使ってゲームを実行することで強化学習を行います。動作確認用に非商用のゲーム「Airstriker」の ROM イメージが付属していますが、市販ゲームに関しては別途 ROM の入手（7 章で解説）が必要です。

この章では、「Airstriker」を使って、強化学習を実際に行っていきますが、その手法は基本的に前章の Atari 環境と同様です。また、本章の最後には、Gym Retro 環境に含まれないゲームを環境として追加する方法「ゲームインテグレーション」について紹介します。

▶ この章の目的

- ●「Gym Retro」の概要を把握し、インストールと動作確認を行う
- ● 付属のシューティングゲーム「Airstriker」を使って、前章の知識も踏まえ、強化学習アルゴリズムを実装して攻略する
- ●「ゲームインテグレーション」に必要なファイルを実際に作成し、OpenAI が提供する「Integration UI」ツールの使い方も理解する

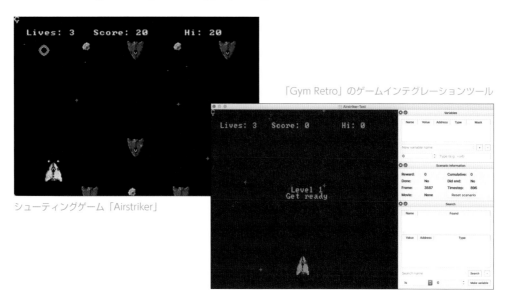

「Gym Retro」のゲームインテグレーションツール

シューティングゲーム「Airstriker」

6-1 Gym Retro 環境の構築

Gym Retro 環境の概要を把握し、実際にインストールして、動作確認を行います。

Gym Retro の概要

「Gym Retro」は、ソニックなどのレトロゲームを「OpenAI Gym」の環境として利用するためのライブラリです。「OpenAI」から提供されています。

> **Gym Retro**
>
> https://openai.com/blog/gym-retro/

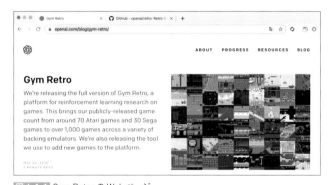

図 6-1-1 Gym Retro の Web ページ

Gym Retro がサポートしているゲーム機

「Gym Retro」がサポートしているゲーム機は、次のとおりです。

表 6-1-1 Gym Retro がサポートしているゲーム機

メーカー	ゲーム機	ROMの拡張子
セガ	メガドライブ	.md
	マスターシステム	.sms
	ゲームギア	.gg
任天堂	スーパーファミコン	.sfc
	ファミコン	.nes
	ゲームボーイアドバンス	.gba
	ゲームボーイカラー	.gbc
	ゲームボーイ	.gb
NEC*	PCエンジン	.pce
Atari	Atari2600	.a26

*PC エンジンは、現在はコナミデジタルエンタテインメントとビッグローブが権利を保有しています。

「Gym Retro」はパソコン上でゲームエミュレータを実行し、強化学習を行います。ゲームエミュレータにおけるゲームソフトとなるファイルは「ROM」と呼ばれます。これらの「ROM」は表6-1-1以外にも「.gen」（メガドライブ）や「.bin」（Atari）など、さまざまな拡張子を使用している場合がありますが、「Gym Retro」で使う場合は表にある「ROMの拡張子」に変更してから使用します。

Gym Retro のインストール

「Gym Retro」をインストールするには、Anacondaで作成したPython 3.6の仮想環境で、以下のコマンドを入力します。

```
$ pip install gym-retro
```

Gym Retro の動作確認

Gym Retroに含まれるシューティングゲーム「Airstriker」を使って、実際にゲームを実行してみましょう。

 コードの実装

「Gym Retro」環境の「Airstriker-Genesis」を実行し、ランダム行動で操作するコードは次のとおりです。

hello_airstriker.py

```python
import retro
import time

# 環境の生成(1)
env = retro.make(game='Airstriker-Genesis', state='Level1')

# ランダム行動による動作確認
state = env.reset()
while True:
    # 環境の描画
    env.render()

    # スリープ
    time.sleep(1/60)

    # 1ステップ実行
    state, reward, done, info = env.step(env.action_space.sample())
    print('reward:', reward)

    # エピソード完了
```

```
        if done:
            print('done')
            state = env.reset()
```

▶ (1) 環境の生成

「OpenAI Gym」の環境は gym.make() で生成しましたが、「Gym Retro」の環境は retro.make() で生成します。

```
env = retro.make(game='Airstriker-Genesis', state='Level1')
```

> retro.make(game, state=State.DEFAULT)
> **説明**：Gym Retro の環境の生成
> **引数**：game（str 型）　環境 ID
> 　　　　 state（str 型）　開始状態
> **戻り値**：Gym Retro の環境

今回は、「game」に「Airstriker-Genesis」を指定します。「Airstriker」は「Gym Retro」の動作確認のために含まれている、非商用のゲームです。ソニックなどの市販のゲームは、「Gym Retro」内に含まれていないので、自分で「ROM」を入手する必要があります。

「state」には「Level1」を指定します。「state」は、「OpenAI Gym」の step() の戻り値の「state」とは別のもので、環境の開始状態の名前になります。省略することもできます。

▶ コードの実行

作成したコードを実行すると、「Airstriker」がランダム行動で実行されます。

```
$ python hello_airstriker.py
```

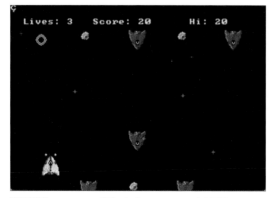

図 6-1-2 シューティングゲーム「Airstriker」の実行画面

Gym Retro 環境で利用できるゲーム一覧の取得

Gym Retro 環境で、実際に試せるゲームの一覧を取得する方法を解説します。ただし、前述したように市販ゲームはゲーム本体の ROM を別途入手する必要があります。

なお、この一覧にないゲームを使ってみたい場合は、別途設定が必要になります。これについては、「6-3 ゲームインテグレーションの作成」で解説します。

コードの実装

Gym Retro 環境として利用可能なゲーム一覧を取得するには、次のコードを実行します。

これは、「ゲームインテグレーション」と呼ばれる、「開始状態」「報酬」「エピソード完了」の情報が定義されているゲーム群になります。

game_list.py

```python
import retro
for game in retro.data.list_games(): # （1）
    print(game, retro.data.list_states(game))
```

（1）ゲーム群と開始状態の一覧の取得

retro.data.list_games() でゲーム群を取得し、retro.data.list_states(game) で任意のゲームの開始状態のリストを取得しています。

コードの実行

作成したコードを実行すると、対応しているゲームの「環境 ID」と「開始状態」が 1,000 本ほど表示されます。

```
$ python game_list.py
1942-Nes ['1Player.Level1']
1943-Nes ['Level1']
3NinjasKickBack-Genesis ['1Player.Colt.Level1']
8Eyes-Nes ['1Player.Arabia.Level1']
AaahhRealMonsters-Genesis ['Level1']
AbadoxTheDeadlyInnerWar-Nes ['Level1']
    （省略）
SonicTheHedgehog-Genesis ['GreenHillZone.Act1', 'GreenHillZone.Act2',
'GreenHillZone.Act3', 'LabyrinthZone.Act1', 'LabyrinthZone.Act2', 'LabyrinthZone.
Act3', 'MarbleZone.Act1', 'MarbleZone.Act2', 'MarbleZone.Act3', 'ScrapBrainZone.
Act1', 'ScrapBrainZone.Act2', 'SpringYardZone.Act1', 'SpringYardZone.Act2',
'SpringYardZone.Act3', 'StarLightZone.Act1', 'StarLightZone.Act2', 'StarLightZone.
Act3']
    （省略）
```

ソニックの場合は「環境 ID」は「SonicTheHedgehog-Genesis」で、「開始状態」は「GreenHillZone.Act1」など 17 個ほど用意されています。ソニックについて詳しくは、次章で解説します。

 ## ROM のインポート

市販ゲームの「ROM」をインポートするコマンドは、次のとおりです。以下の「./roms/」は ROM の格納先フォルダで、このフォルダを作って「ROM」を入れておきます。成功すると、次のようなメッセージが表示されます。

```
$ python -m retro.import ./roms/
Importing 1 potential games...
Importing SonicTheHedgehog-Genesis
Imported 1 games
```

ソニックの「ROM」の入手方法については、7 章「7-1 ソニック環境の準備」で解説します。

6-2 Gym Retro の学習

前節で「Gym Retro」の環境構築ができました。前節ではテストとして、無償ゲームの「Airstriker」をランダム行動で実行しましたが、強化学習アルゴリズムを実装して、ゲームを攻略してみましょう。

シューティングゲーム「Airstriker」の概要

「Gym Retro」の環境の「Airstriker」の学習を行います。「Airstriker」は、出現する敵を弾で撃ち落とすシンプルなシューティングゲームです。

表 6-2-1 Airstriker の強化学習の要素

強化学習の要素	Airstriker
目的	ハイスコア
行動	0：B 1：A 2：MODE 3：START 4：UP 5：DOWN 6：LEFT 7：RIGHT 8：C 9：Y 10：X 11：Z（各値は、0 or 1）
状態	320×224×3の画面イメージ（各ドットは0〜255）
報酬	スコア
エピソード完了	ライフ0で撃墜された時

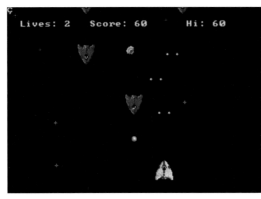

図 6-2-1 シューティングゲーム「Airstriker」の画面

Airstriker の状態空間と行動空間

3章で解説したように、対象となるゲームでエージェントが可能な「行動」と、その結果の「状態」を事前に把握しておきます。

コードの実装

「Airstriker」の学習を始める前に、3章の「3-4 行動空間と状態空間」で作った「check_space.py」を改造して、「Airstriker」の「状態空間」と「行動空間」を確認してみます。

```python
# check_space.py
import gym
import sys
import retro
from gym.spaces import *

# 引数の取得
ENV_ID = sys.argv[1]

# 空間の出力
def print_spaces(label, space):
    # 空間の出力
    print(label, space)

    # Box/Discreteの場合は最大値と最小値も表示
    if isinstance(space, Box):
        print('    最小値: ', space.low)
        print('    最大値: ', space.high)
    if isinstance(space, Discrete):
        print('    最小値: ', 0)
        print('    最大値: ', space.n-1)

# 環境の生成
env = retro.make(game=ENV_ID)

# 行動空間と状態空間の型の出力
print('環境ID: ', ENV_ID)
print_spaces('行動空間: ', env.action_space)
print_spaces('状態空間: ', env.observation_space)
```

変更点は、「import retro」の追加と、gym.make() が retro.make() になった部分のみです。

コードの実行

作成したコードを実行すると、次のように出力されます。

```
$ python check_space.py Airstriker-Genesis
環境ID:  Airstriker-Genesis
```

```
行動空間:  MultiBinary(12)
状態空間:  Box(224, 320, 3)
    最小値:  [[[0 0 0]
    (省略)
  [0 0 0]]
    (省略)
 [[0 0 0]
    (省略)
  [0 0 0]]]
    最大値:  [[[255 255 255]
    (省略)
  [255 255 255]]
    (省略)
 [[255 255 255]
    (省略)
  [255 255 255]]]
```

　「行動空間」は「MultiBinary(12)」です。メガドライブの 12 個のボタンで、各値は「0
or 1」になります。「状態空間」は「Box(224, 320, 3)」です。320 × 240 の画面イメー
ジで、RGB カラーで各要素は 0 〜 255 になります。
　メガドライブのゲームでは、すべてこの「行動空間」と「状態空間」になります。

学習用のコードの一覧

　前章の Atari 環境の「Breakout」と同様に、今回のコードも長いので、「airstriker.py」
と「util.py」の 2 つに分けます。そして、5 章「5-2 前処理」で解説したように、「util.
py」で前処理を行って学習を効率化します。

- **airstriker.py**：Airstriker の学習とテストを行うメインとなるコード
- **util.py**：コールバック、行動空間の変更、報酬とエピソード完了の変更などを行
  うユーティリティ関数

コールバックの実装

　ベスト報酬以上の時は、モデルを保存するコールバックを作成します。これは、4 章の
「4-5 TensorBoard とコールバックによる学習状況の監視」で紹介したコード（callback_
watch.py）と同様のものになります。100 更新毎ではなく、10 更新毎にベストモデル
の保存を行っています。保存ファイル名も「airstriker_model」としています。

util.py
```
import gym
import os
```

```python
import numpy as np
import datetime
import pytz
from stable_baselines.results_plotter import load_results, ts2xy

# ログフォルダの生成
log_dir = './logs/'
os.makedirs(log_dir, exist_ok=True)

# コールバック
best_mean_reward = -np.inf
nupdates = 1
def callback(_locals, _globals):
    global nupdates
    global best_mean_reward

    # 10更新毎
    if (nupdates + 1) % 10 == 0:
        # 平均エピソード長、平均報酬の取得
        x, y = ts2xy(load_results(log_dir), 'timesteps')
        if len(y) > 0:
            # 最近10件の平均報酬
            mean_reward = np.mean(y[-10:])

            # 平均報酬がベスト報酬以上の時はモデルを保存
            update_model = mean_reward > best_mean_reward
            if update_model:
                best_mean_reward = mean_reward
                _locals['self'].save('airstriker_model')

            # ログ
            print('time: {}, nupdates: {}, mean: {:.2f}, best_mean:
{:.2f}, model_update: {}'.format(
                datetime.datetime.now(pytz.timezone('Asia/Tokyo')),
                nupdates, mean_reward, best_mean_reward, update_model))

    nupdates += 1
    return True
```

行動空間の変更

　「Airstriker」の行動空間を「MultiBinary(12)」から「Discrete(3)」に変更する「AirstrikerDiscretizer ラッパー」を作成します。12 個のボタンの「0」or「1」の組み合わせから、「B」「LEFT」「RIGHT」の 3 つの行動に変換します。これは、「Airstriker」で使う必要最小限の行動のみを選択できるようにするためです。

　行動のパターン数が 2^{12}=4096 通りから、0 〜 2 の 3 通りに減るため、学習効率が格段に上がります。

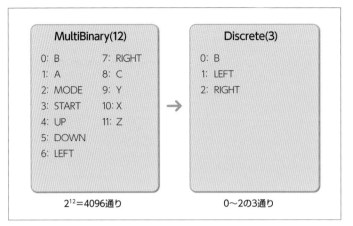

図 6-2-2 Airstriker の行動空間の変更

```
util.py（続き）
```

```python
# Airstrikerラッパー
class AirstrikerDiscretizer(gym.ActionWrapper):
    # 初期化
    def __init__(self, env):
        super(AirstrikerDiscretizer, self).__init__(env)
        buttons = ['B', 'A', 'MODE', 'START', 'UP', 'DOWN', 'LEFT',
'RIGHT', 'C', 'Y', 'X', 'Z']
        actions = [['LEFT'], ['RIGHT'], ['B']]
        self._actions = []
        for action in actions:
            arr = np.array([False] * 12)
            for button in action:
                arr[buttons.index(button)] = True
            self._actions.append(arr)
        self.action_space = gym.spaces.Discrete(len(self._actions))

    # 行動の取得
    def action(self, a):
        return self._actions[a].copy()
```

報酬とエピソード完了の変更

　学習しやすいように報酬とエピソード完了の変更を行う「CustomRewardAndDone
ラッパー」を作成します。変更内容は、次のとおりです。

表 6-2-2 報酬とエピソード完了の変更

項目	変更内容
報酬	スコア/20
エピソード完了	撃墜された時

「報酬」は 20 で割って範囲を「0 〜 1.0」に近づけます。報酬は「-1.0 〜 1.0」の範囲に収めることで、学習が安定（継続的に平均報酬が増加）する傾向があります。

「エピソード完了」は 3 回撃墜するまでから 1 回撃墜するまでに変更して、時間あたりの訓練回数を増やします。

util.py（続き）

```python
# CustomRewardAndDoneラッパー
class CustomRewardAndDoneEnv(gym.Wrapper):
    # 初期化
    def __init__(self, env):
        super(CustomRewardAndDoneEnv, self).__init__(env)

    # ステップ
    def step(self, action):
        state, rew, done, info = self.env.step(action)

        # 報酬の変更
        rew /= 20

        # エピソード完了の変更
        if info['gameover'] == 1:
            done = True

        return state, rew, done, info
```

Airstriker の学習とテスト

学習用のユーティリティ群ができたので、本体をコーディングして強化学習を実行します。

コードの実装

「Airstriker」の学習とテストを行うコードを作成します。

airstriker.py

```python
import retro
import time
import os
from stable_baselines.common.vec_env import DummyVecEnv
from stable_baselines import PPO2
from stable_baselines.common import set_global_seeds
from stable_baselines.bench import Monitor
from baselines.common.retro_wrappers import *
from util import log_dir, callback, AirstrikerDiscretizer,
CustomRewardAndDoneEnv

# 環境の生成(1)
env = retro.make(game='Airstriker-Genesis', state='Level1')
```

```
env = AirstrikerDiscretizer(env)  # 行動空間を離散空間に変換
env = CustomRewardAndDoneEnv(env)  # 報酬とエピソード完了の変更
env = StochasticFrameSkip(env, n=4, stickprob=0.25)  # スティッキーフレームスキップ
env = Downsample(env, 2)  # ダウンサンプリング
env = Rgb2gray(env)  # グレースケール
env = FrameStack(env, 4)  # フレームスタック
env = ScaledFloatFrame(env)  # 状態の正規化
env = Monitor(env, log_dir, allow_early_resets=True)
print('行動空間: ', env.action_space)
print('状態空間: ', env.observation_space)

# シードの指定
env.seed(0)
set_global_seeds(0)

# ベクトル化環境の生成
env = DummyVecEnv([lambda: env])

# モデルの生成
model = PPO2('CnnPolicy', env, verbose=0)

# モデルの読み込み
# model = PPO2.load('airstriker_model', env=env, verbose=0)

# モデルの学習
model.learn(total_timesteps=128000, callback=callback)

# モデルのテスト
state = env.reset()
total_reward = 0
while True:
    # 環境の描画
    env.render()

    # スリープ
    time.sleep(1/60)

    # モデルの推論
    action, _ = model.predict(state)

    # 1ステップ実行
    state, reward, done, info = env.step(action)
    total_reward += reward[0]

    # エピソード完了
    if done:
        print('reward:', total_reward)
        state = env.reset()
        total_reward = 0
```

■ (1) 環境ラッパー

行動空間は、AirstrikerDiscretizer ラッパーによって、MultiBinary(12) から Discrete(3) に変更します。

状態空間は、Downsample ラッパーによって、(224, 320, 3) から (112, 160, 3)、Rgb2gray ラッパーによって、(112, 160, 3) から (112, 160, 1)、FrameStack ラッパーによって、(112, 160, 1) から (112, 160, 4) になります。ScaledFloatFrame ラッパーは、状態の各要素が 0 ～ 255 から 0.0 ～ 1.0 になります。

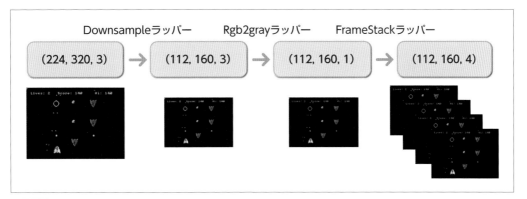

図 6-2-3 状態の前処理 1

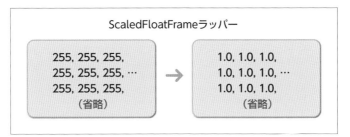

図 6-2-4 状態の前処理 2

最終的な状態空間と行動空間の型は、次のようになります。さらに、StochasticFrame Skip ラッパーでフレームスキップを追加しています。概要は、5 章の 5-2 節「Stochastic FrameSkip ラッパー」で解説しています。

- **行動空間**：Discrete(3)
- **状態空間**：Box(112, 160, 4)

■ コードの実行

作成したコードを実行すると、学習後、テストが実行されます。徐々に平均報酬が増えていることがわかります。学習時間は 24 分ほどになります。

```
$ python airstriker.py
time: 2019-11-10 08:54:12.638044+09:00, nupdates: 9, mean: 1.70, best_mean: 1.70,
model_update: True
time: 2019-11-10 08:54:27.603899+09:00, nupdates: 19, mean: 2.60, best_mean: 2.60,
model_update: True
time: 2019-11-10 08:54:42.130935+09:00, nupdates: 29, mean: 2.40, best_mean: 2.60,
model_update: False
time: 2019-11-10 08:54:56.606103+09:00, nupdates: 39, mean: 3.40, best_mean: 3.40,
model_update: True
time: 2019-11-10 08:55:11.274549+09:00, nupdates: 49, mean: 4.30, best_mean: 4.30,
model_update: True
    （省略）
time: 2019-11-10 09:17:46.986075+09:00, nupdates: 959, mean: 5.90, best_mean: 9.20,
model_update: False
time: 2019-11-10 09:18:01.882014+09:00, nupdates: 969, mean: 5.20, best_mean: 9.20,
model_update: False
time: 2019-11-10 09:18:16.877281+09:00, nupdates: 979, mean: 7.40, best_mean: 9.20,
model_update: False
time: 2019-11-10 09:18:31.827220+09:00, nupdates: 989, mean: 8.90, best_mean: 9.20,
model_update: False
time: 2019-11-10 09:18:46.941820+09:00, nupdates: 999, mean: 9.30, best_mean: 9.30,
model_update: True
```

追加訓練の方法

学習済みモデルの追加訓練を行うには、「モデルの生成」をコメントアウトし、「モデルの読み込み」のコメントアウトを解除してください。

```
# モデルの生成
# model = PPO2('CnnPolicy', env, verbose=0)

# モデルの読み込み
model = PPO2.load('airstriker_model', env=env, verbose=0)

# モデルの学習
model.learn(total_timesteps=128000, callback=callback)
```

テストのみの実行

学習済みモデルのテストのみを実行するには、「モデルの生成」と「モデルの学習」をコメントアウトし、「モデルの読み込み」のコメントアウトを解除してください。

```
# モデルの生成
# model = PPO2('CnnPolicy', env, verbose=0)

# モデルの読み込み
model = PPO2.load('airstriker_model', env=env, verbose=0)

# モデルの学習
# model.learn(total_timesteps=128000, callback=callback)
```

6-3 ゲームインテグレーションの作成

「Gym Retro」には、1,000本ものレトロゲームの環境が用意されていますが、それ以外のゲームを利用して強化学習を行いたい場合には、自分で「ゲームインテグレーション」を作成する必要があります。この節では、その詳細を解説します。

ゲームインテグレーションの概要

「ゲームインテグレーション」は、ゲームROMに付加する「開始状態」「報酬」「エピソード完了」の情報です。今回は、前述の「Airstriker」を例にゲームインテグレーションを作成し、「Airstriker-Test」という名前で登録します。

ゲームインテグレーションに必要なファイルは、次のとおりです。「Airstriker-Test」というフォルダを作成し、これらファイルを追加していきます。

表6-3-1にあるように、各ファイルを作成するためにそれぞれ必要なツールがあります。

表6-3-1 ゲームインテグレーションに必要なファイルと作成ツール

ファイル	説明	入手先・作成ツール
rom.md	ゲームのROM（メガドライブの場合は拡張子はmd）	Steamなど
rom.sha	ゲームのROMを一意に判定するハッシュ	エディタ、7-Zip
stateファイル	環境リセット時の開始状態を示すセーブデータ	Integration UI
data.json	報酬やエピソード完了の設定に利用する変数のメモリアドレス	Integration UI、BizHawk
metadata.json	デフォルトの開始状態	エディタ
scenario.json（オプション）	報酬とエピソード完了の設定	エディタ
script.lua（オプション）	報酬とエピソード完了のより高度な設定	エディタ

ROMの入手

ゲームのROMを入手します。「Airstriker」は「Gym Retro」に付属するので、パソコン内を「Airstriker-Genesis」で検索して、「rom.md」を入手します。

今回はROMのファイル名は最初から「rom.md」ですが、ほかからROMを入手した場合は、ファイル名を「rom.<ROMの拡張子>」としてください。ROMの拡張子は、本章冒頭の表6-1-1で確認できます。メガドライブのROMは「rom.md」、スーパーファミコンのROMは「rom.sfc」となります。

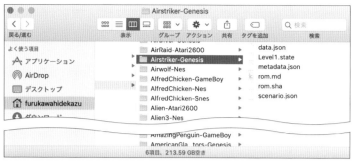

図 6-3-1 「Airstriker」の ROM は Gym Retro 環境に付属

rom.sha の作成

　「rom.sha」は、ゲームの ROM を一意に判定するハッシュです。「Windows」では、「7-Zip」を使うことで、バイナリの SHA-1 のハッシュを調べることができます。

7-Zip

https://sevenzip.osdn.jp/

　インストール後、バイナリ（今回は rom.md）を右クリックすると、「CRC SHA」というメニューがでるので、「SHA-1」を選択してください。

図 6-3-2 ROM のハッシュ値（SHA-1）を確認

　「macOS」や「Linux」では、以下のコマンドでハッシュを調べることができます。

```
$ openssl sha1 rom.md
SHA1(rom.md)= a8be7b0ca850119b167f9644e6a4a22e983d61a4
```

　ハッシュを調べたら、エディタでファイルに記述して、「rom.sha」という名前で保存します。

rom.sha

```
a8be7b0ca850119b167f9644e6a4a22e983d61a4
```

Integration UI のインストール

　「state ファイル」と「data.json」は、OpenAI が提供している「Integration UI」を使って生成します。

Integration UI

https://retro.readthedocs.io/en/latest/integration.html

「Integration UI」は、以下からダウンロードできます。解凍して実行してください。「Integration UI」の実行には、Gym Retro がインストール済みである必要があります。

Windows 用のインテグレーション UI

https://storage.googleapis.com/gym-retro/builds/Gym%20Retro-latest-win64.zip

Mac 用のインテグレーション UI

https://storage.googleapis.com/gym-retro/builds/Gym%20Retro-latest-Darwin.dmg

state ファイルの作成

「state ファイル」は、環境リセット時の開始状態を示すエミュレータのセーブデータです。「state ファイル」の作成手順は、次のとおりです。

01 「Integration UI」（Gym Retro Integration）を起動

02 メニュー「Game → Open」を選択

03 ゲームの ROM（rom.md）を選択

図 6-3-3 ゲーム ROM の読み込み

04 メニュー「Window → Control」で操作方法を確認

図 6-3-4 ゲームの操作方法の確認

05 ゲームを進め、開始状態に適した状態になったら、「Command+P」でゲームを一時停止

実際のゲーム内のポーズでなく「Integration UI」のポーズである点に注意してください。今回は、「Game Start → Single Player」でのゲーム開始直後を開始状態とします。

図 6-3-5 ゲームの開始位置まで進める

06 「Command+S」で「Level1」という名前で開始状態を保存

「Level1.state」という名前のファイルが作成されます。

data.json の作成

「data.json」は、報酬やエピソード完了の設定に利用する変数のメモリアドレスを指定するファイルです。今回は、「撃墜されたかどうか」「残機数」「スコア」の3つの変数の

（縦書き・左余白）ゲームインテグレーションの作成

メモリアドレスを追加します。

表の型の項目の「>u2」は 2byte の Unsigned Int、「>4u」は 4byte の Unsigned Int の意味になります。

表 6-3-2 報酬やエピソード完了の設定に利用する変数

変数	変数名	アドレス	型
撃墜されたかどうか（1：撃墜された）	gameover	ff0266	>u2
残機数（0〜3）	lives	ff025a	>u2
スコア（0以上）	score	ff024a	>u4

これらの各変数のメモリアドレスを調べるには、「Integration UI」の「Search」パネルを使う方法もありますが、必要最低限の機能しかなく、これだけで調べるのは困難です。

Windows の「BizHawk」などの専用ツールが必要になります。「BizHawk」については、節の最後に紹介します。

「data.json」の作成手順は、次のとおりです。

(01) 「Integration UI」（Gym Retro Integration）を起動

(02) 画面右上の「Variables」パネルで、変数名「gameover」、メモリアドレス「ff0266」、変数の型「>u2」を入力し、「＋」を押す

変数が追加されます。

(03) 同様に「lives」と「score」も追加

図 6-3-6 エピソード完了の変数の設定

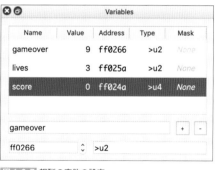

図 6-3-7 報酬の変数の設定

(04) メニュー「data → Save variables」でファイル名「data」で保存

「data.json」が生成されます。

```
data.json
{
  "info": {
    "gameover": {
      "address": 16712294,
      "type": ">u2"
```

```
      },
      "lives": {
        "address": 16712282,
        "type": ">u2"
      },
      "score": {
        "address": 16712270,
        "type": ">u4"
      }
    }
  }
}
```

metadata.json の作成

「metadata.json」では、デフォルトの開始状態を指定します。retro.make() の state を省略した際に使う、開始状態の名前になります。

今回は、"Level1" をデフォルトの開始状態として指定するので、エディタで次のように作成します。

metadata.json

```
{
  "default_state": "Level1"
}
```

scenario.json と script.lua（オプション）

「scenario.json」では、「報酬」と「エピソード完了」を指定します。報酬として「score」を指定し、エピソード完了は「lives」が「0」かつ「gameover」が「1」を指定します。

エディタで次のように作成します。

scenario.json

```
{
  "done": {
    "condition": "all",
    "variables": {
      "gameover": {
        "op": "equal",
        "reference": 1
      },
      "lives": {
        "op": "zero"
      }
    }
  },
  "reward": {
```

```
    "variables": {
      "score": {
        "reward": 1.0
      }
    }
  }
}
```

　より高度な設定を行いたい場合は、スクリプト言語「Lua」によって「報酬」と「エピソード完了」を指定できる「script.lua」を使うことができます。
　「scenario.json」や「script.lua」について詳しくは、以下のサイトを参照してください。

Game Integration － Gym Retro documentation
https://retro.readthedocs.io/en/latest/integration.html

　「報酬」と「エピソード完了」は、環境ラッパーでも変更できます。環境ラッパーのほうが新しいスクリプト言語を覚えずに Python のみで対応できるので、本書のほかのサンプルでは環境ラッパーを利用して「報酬」と「エピソード完了」を変更しています。

COLUMN

Lua 言語

　「Lua」は、C 言語のホストプログラムに組み込まれることを目的に設計されているスクリプト言語です。高速な動作と、高い移植性、組み込みの容易さが特徴で、ゲームのイベントスクリプトなどの内部処理に利用されることが多い言語です。

lua.org
https://www.lua.org/

ゲームの追加

　これまで作成してきた「Airstriker-Test」フォルダのファイル群は、次のとおりです。

Airstriker-Test
- rom.md
- rom.sha
- Level1.state
- data.json
- metadata.json
- scenario.json

　これを「<Gym Retro のインストール先 >/retro/data/stable/」にコピーします。パソコン内を「Airstriker-Genesis」で検索することで、配置先のフォルダを検索できます。

追加したゲームの動作確認

「Airstriker-Test」で追加した ROM を、ランダム行動させて動作確認を行います。

コードの実装

追加したゲームの動作確認するためのコードは、次のとおりです。

hello_integration.py

```python
import retro
import time

# 環境の生成
env = retro.make(game='Airstriker-Test', state='Level1')

# ランダム行動による動作確認
state = env.reset()
while True:
    # 環境の描画
    env.render()

    # スリープ
    time.sleep(1/60)

    # 1ステップ実行
    state, reward, done, info = env.step(env.action_space.sample())
    print('reward:', reward)

    # エピソード完了
    if done:
        print('done')
        state = env.reset()
```

コードの実行

作成したコードを実行します。

```
$ python hello_integration.py
```

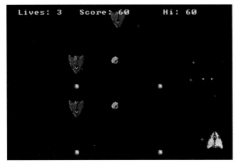

図 6-3-8
ランダム行動で
「Airstriker」を実行

BizHawk ツールの利用方法

　ゲームの変数のメモリアドレスを探索するには、「BizHawk」というツールが便利です。任意の状態から変更があった変数のみをフィルタリングできるため、目的の変数を簡単に絞り込むことができます。このツールは「Windows」でのみ動作します。

BizHawk
https://github.com/TASVideos/BizHawk

図 6-3-9 BizHawk の Web サイト

BizHawk のインストール

　BizHawk のインストール手順は、次のとおりです。

(01)「bizhawk_prereqs_v2.1.zip」をダウンロードして解凍して実行

bizhawk_prereqs_v2.1.zip
https://github.com/TASVideos/BizHawk-Prereqs/releases/tag/2.1

(02)「BizHawk-2.3.2.zip」をダウンロードして解凍

BizHawk-2.3.2.zip
https://github.com/TASVideos/BizHawk/releases/tag/2.3.2

BizHawk の実行

　BizHawk の実行手順は、次のとおりです。

(01) 解凍した「BizHawk-2.3.2」フォルダ内の「EmuHawk.exe」を実行

(02) メニュー「File → Open ROM」を選択し、「rom.md」を選択

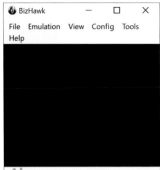

図 6-3-10
BizHawk の起動画面

変数のメモリアドレスを調べる

変数のメモリアドレスを調べる手順は、次のとおりです。

01 ゲーム中にメニュー「Emulation → Pause」で一時停止

02 「BizHawk」のメニュー「Tools → RAM Search」で「RAM Search」を開き、「New」を押す

「New」を押すことで、すべてのメモリアドレスが探索対象となる初期状態になります。

- Address：アドレス
- Value：現在の値
- Prev：前回の値
- Changes：変更回数

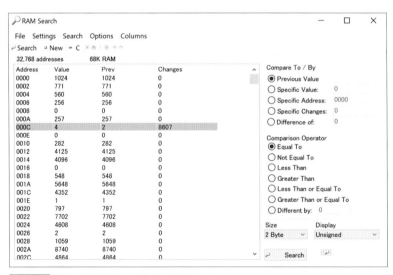

Address	Value	Prev	Changes
0000	1024	1024	0
0002	771	771	0
0004	560	560	0
0006	256	256	0
0008	0	0	0
000A	257	257	0
000C	4	2	8607
000E	0	0	0
0010	282	282	0
0012	4125	4125	0
0014	4096	4096	0
0016	0	0	0
0018	548	548	0
001A	5648	5648	0
001C	4352	4352	0
001E	1	1	0
0020	797	797	0
0022	7702	7702	0
0024	4608	4608	0
0026	2	2	0
0028	1059	1059	0
002A	8740	8740	0
002C	4864	4864	0

図 6-3-11 変数のメモリアドレスを調べる RAM Serach

（03） Pause を解いて、探索したい変数が変化する行動を採って、再度 Pause

「スコア」の変数のメモリアドレスを探索するのであれば、敵を倒すなどして少しスコアを増やします。

（04） 変数の型を指定

「ROM Search」の右下の「Size」「Display」で、探索したい変数の「サイズ」「型」を指定します。

探索したい変数のサイズが小さい型と予測するのであれば、「2Byte」「Unsigned」のように指定します。「Size」と「Display」の選択肢は、次のとおりです。

Size	Display
● 1Byte	● Unsigned
● 2Byte	● Signed
● 4Byte	● Hex
	● Binary

（05） 前回の値と現在の値の変化でアドレスを絞り込む

前回の値より現在の値が増えている変数のみに絞り込むには、「Compare To ／ By」で「Previous Value」、「Comparison Operator」で「Greater Than」を選択し、「Search」を押します。

「Compare To ／ By」と「Comparison Operator」の選択肢は、次のとおりです。

Compare To ／ By	Comparison Operator
● Previous Value（前回の値）	● Equal To（等しい）
● Specific Value（特定の値）	● Not Equal To（等しくない）
● Specific Address（特定のアドレス）	● Less Than（より小さい）
● Specific Changes（特定の変更回数）	● Greater Than（より大きい）
● Difference of（違い）	● Less Than or Equal To（以下）
	● Greater Than or Equal To（以上）
	● Different by（異なる）

これを繰り返して、該当する変数を絞り込み、メモリアドレスを調べます。

7 ソニック環境の攻略

この章では、これまで積み上げてきた OpenAI 環境を使った強化学習の集大成として、1991 年に発売された大人気アクションゲーム「ソニック・ザ・ヘッジホッグ」（以降「ソニック」と表記）を攻略します。

3 章の「OpenAI Gym」、5 章の「Atari 環境」、6 章の「Gym Retro」では、各環境に付属する無償で使えるゲームで強化学習による攻略を行いましたが、「ソニック」は市販ゲームのためゲームを購入していただく必要がある点にご留意ください。

6 章の「Gym Retro」でも解説したように、「ソニック」は「Gym Retro 環境」で利用可能なゲームとして登録されており、基本的な攻略方法もシューティングゲーム「Airstriker」と同様です。ただし、ゲームの特性からパラメータを試行錯誤するなどして、攻略を進める必要があります。また、5 章で取り上げた人間のデモを教師データとする「模倣学習」でも「ソニック」の攻略を行ってみます。

▶ この章の目的

● ソニックを購入し、強化学習を行うためのソニック環境を構築する
● 強化学習を行って、1 面を攻略するための前処理とハイパーパラメータの調整を行う
● 模倣学習でもソニックを攻略して、強化学習との違いを把握する

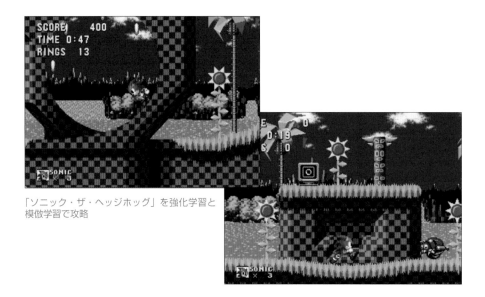

「ソニック・ザ・ヘッジホッグ」を強化学習と
模倣学習で攻略

7-1 ソニック環境の準備

ソニックを入手して学習環境を構築し、実際にテストしてゲームが動くことを確認します。

ソニックの ROM の入手

ソニックの ROM は、PC ゲームのダウンロード販売プラットホーム「Steam」で購入して入手します。値段は変動しますが、執筆時現在は「498 円」でした。

> **Steam：Sonic The Hedgehog**
> https://store.steampowered.com/app/71113/Sonic_The_Hedgehog/

図 **7-1-1**「Steam」の購入画面

ゲームを購入してダウンロード後、以下の手順で ROM を入手します。

(01) Steam アプリを起動

(02) ライブラリのゲームタイトルを右クリックでポップアップメニューを表示し、「プロパティ」を選択

図 7-1-2 ソニックのゲームのプロパティを表示

(03) 「ローカルファイル」タブを選択し、「ローカルファイルを閲覧」を選択

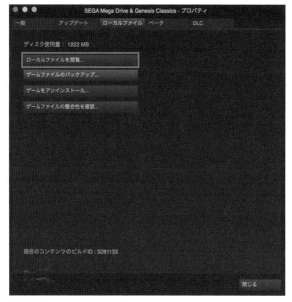

図 7-1-3 プロパティ画面から「ローカルファイルを閲覧」を選択

(04) 「uncompressed ROMs」内にダウンロードされた ROM があるので入手

「SONIC_W.68K」というファイルが見つかります。

ROM のインポート

ROM をインポートするコマンドは、次のとおりです。以下の「./roms/」は ROM の格納先フォルダで、このフォルダを作って ROM（SONIC_W.68K）を入れておきます。成功すると、次のように表示されます。

なお、ファイル名はインポート時に「rom.md」へ自動的に変更されるため、そのままでも問題ありません。

```
$ python -m retro.import ./roms/
Importing 1 potential games...
Importing SonicTheHedgehog-Genesis
Imported 1 games
```

ソニック環境の動作確認

ソニックは、6 章で解説した「Gym Retro 環境」で学習を行います。必要に応じて、6 章を参照しつつ進めてください。

コードの実装

retro.make() の game に「SonicTheHedgehog-Genesis」、「state」に「GreenHillZone.Act1」を指定して実行します。

hello_sonic.py

```python
import retro
import time

# 環境の生成
env = retro.make(game='SonicTheHedgehog-Genesis', state='GreenHillZone.
Act1')
state = env.reset()

# ランダム行動による動作確認
while True:
    # 環境の描画
    env.render()

    # スリープ
    time.sleep(1/60)

    # 1ステップ実行
    state, reward, done, info = env.step(env.action_space.sample())
    print('reward:', reward)

    # エピソード完了
```

```
    if done:
        print('done')
        state = env.reset()
```

コードの実行

　作成したコードを実行します。成功すると、図 7-1-4 のようにソニックのゲーム画面が表示されます。ランダム行動なので、ソニックはスタート地点で飛び跳ねるのみになります。

```
$ python hello_sonic.py
```

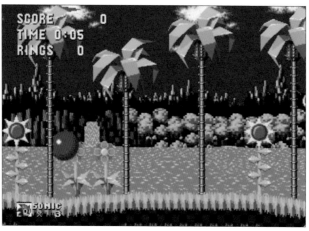

図 7-1-4 Gym Retro のソニック環境で、ランダム行動を実行

強化学習によるソニック環境の攻略

ソニックの攻略は、6章で学習したシューティングゲーム「Airstriker」の攻略と基本的に同様です。必要に応じて、6章を参照しつつ進めてください。

 ソニック環境の概要

ソニック環境の学習を行います。ソニックは、ジャンプしながらゴールを目指す横スクロールのアクションゲームで、いくつかのステージから構成されています。

表 7-2-1 ソニック環境の強化学習の要素

強化学習の要素	ソニック	
目的	ハイスコア	
行動	0：B 1：A 2：MODE 3：START 4：UP 5：DOWN	6：LEFT 7：RIGHT 8：C 9：Y 10：X 11：Z（各値は0 or 1）
状態	320×224×3の画面イメージ（各ドットは0〜255）	
報酬	スコア	
エピソード完了	ライフ0で死んだ時	

図 7-2-1 ソニック環境のゲーム画面

なお、以下のセガのサイトに「SEGA AGES ソニック・ザ・ヘッジホッグ」（Nintendo Switch 対応）の情報が掲載されています。こちらのページでは、操作マニュアルなどの閲覧もできます。

ただし「Steam」で販売されているのは、海外版（1991 年にメガドライブ版として発

売されたものを Windows ／ Mac 対応としたもの）になります。

SEGA AGES ソニック・ザ・ヘッジホッグーセガ アーカイブス

http://archives.sega.jp/segaages/sonic/

マニュアルの閲覧もできる国内版ソニックの Web ページ

ゲームの遊び方

ゲーム操作とゲームの進め方は、次のとおりです。

図 7-2-3 ゲームの操作

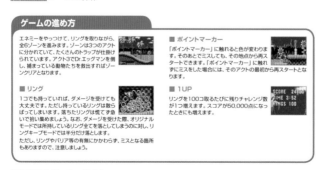

図 7-2-4 ゲームの進め方

ソニック環境の状態空間と行動空間

ソニック環境の状態空間と行動空間を、6章「6-2 Gym Retroの学習」で使った「check_space.py」で確認すると、「Airstriker」と同様なことがわかります。

> **環境ID**：SonicTheHedgehog-Genesis
> **行動空間**：MultiBinary(12)
> **状態空間**：Box(224, 320, 3)

学習用のコードの一覧

6章の例題の「Airstriker」と同様に、今回のコードも長いので、「sonic.py」と「util.py」の2つに分けます。

- **sonic.py**：ソニックの学習とテストを行うメインとなるコード
- **util.py**：コールバック、報酬とエピソード完了の変更などを行うユーティリティ関数

コールバックの実装

ベスト報酬以上の時は、モデルを保存するコールバックを作成します。これは、6章「6-2 Gym Retroの学習」で紹介したものと同様のもので、保存するモデル名のみを変更しています。

```python
util.py
import gym
import os
import numpy as np
import datetime
import pytz
from stable_baselines.results_plotter import load_results, ts2xy

# ログフォルダの生成
log_dir = './logs/'
os.makedirs(log_dir, exist_ok=True)

# コールバック
best_mean_reward = -np.inf
nupdates = 1
def callback(_locals, _globals):
    global nupdates
    global best_mean_reward
```

```
# 10更新毎
if (nupdates + 1) % 10 == 0:
    # 平均エピソード長、平均報酬の取得
    x, y = ts2xy(load_results(log_dir), 'timesteps')
    if len(y) > 0:
        # 最近10件の平均報酬
        mean_reward = np.mean(y[-10:])

        # 平均報酬がベスト報酬以上の時はモデルを保存
        update_model = mean_reward > best_mean_reward
        if update_model:
            best_mean_reward = mean_reward
            _locals['self'].save('sonic_model')

        # ログ
        print('time: {}, nupdates: {}, mean: {:.2f}, best_mean:
{:.2f}, model_update: {}'.format(
                datetime.datetime.now(pytz.timezone('Asia/Tokyo')),
                nupdates, mean_reward/0.1, best_mean_reward/0.1, update_
model))

    nupdates += 1
    return True
```

報酬とエピソード完了の変更

　学習しやすいように、報酬とエピソード完了の変更を行う「CustomRewardAndDone
ラッパー」を作成します。今回は、『ソニックが1面をクリアすること』を目標設定として、
報酬とエピソード完了を次のように変更します。

表 7-2-2 報酬とエピソード完了の変更

項目	変更内容
報酬	(現在のX座標−1フレーム前のX座標) * 0.1
エピソード完了	死んだ時、または1面をクリアした時

　「報酬」は右に進むと常に正の報酬、左に進むと常に負の報酬を受け取ります。ソニッ
クのゴールは右端なので、ゴールすることがタスクの目標となり、後ろに進むことを非推
奨とします。
　また、進捗もしくは後退距離に0.1を掛けて、範囲を0〜1.0に近づけて、学習の安
定をはかっています。
　「エピソード完了」は、3回死ぬまでから1回死ぬまでに変更して、時間あたりの訓練
回数を増やします。さらに1面クリア（X座標が9600以上）の条件も追加しています。

```python
# CustomRewardAndDoneラッパー
class CustomRewardAndDoneEnv(gym.Wrapper):
    # 初期化
    def __init__(self, env):
        super(CustomRewardAndDoneEnv, self).__init__(env)
        self._cur_x = 0
        self._max_x = 0

    # リセット
    def reset(self, **kwargs):
        self._cur_x = 0
        self._max_x = 0
        return self.env.reset(**kwargs)

    # ステップ
    def step(self, action):
        state, reward, done, info = self.env.step(action)

        # 報酬の変更
        reward = (info['x'] - self._cur_x) * 0.1
        self._cur_x = info['x']

        # エピソード完了の変更
        if info['lives'] == 2 or info['x'] > 9600:
            done = True

        return state, reward, done, info
```

ソニック環境の学習とテスト

　学習用のユーティリティ群ができたので、本体をコーディングして強化学習を実行します。

コードの実装

ソニック環境の学習とテストを行うコードを作成します。

sonic.py

```python
import retro
import os
import time
from stable_baselines import PPO2
from stable_baselines.common.policies import CnnPolicy
from stable_baselines.common.vec_env import DummyVecEnv
from baselines.common.retro_wrappers import *
from stable_baselines.bench import Monitor
from util import CustomRewardAndDoneEnv, callback, log_dir
```

```python
from stable_baselines.common import set_global_seeds

# 環境の生成(1)
env = retro.make(game='SonicTheHedgehog-Genesis', state='GreenHillZone.
Act1')
env = SonicDiscretizer(env) # 行動空間を離散空間に変換
env = CustomRewardAndDoneEnv(env) # 報酬とエピソード完了の変更
env = StochasticFrameSkip(env, n=4, stickprob=0.25) # スティッキーフレームスキ
ップ
env = Downsample(env, 2) # ダウンサンプリング
env = Rgb2gray(env) # グレースケール
env = FrameStack(env, 4) # フレームスタック
env = ScaledFloatFrame(env) # 状態の正規化
env = TimeLimit(env, max_episode_steps=4500) # 5分タイムアウト
env = Monitor(env, log_dir, allow_early_resets=True)
print('行動空間: ', env.action_space)
print('状態空間: ', env.observation_space)

# シードの指定
env.seed(0)
set_global_seeds(0)

# ベクトル環境の生成
env = DummyVecEnv([lambda: env])

# モデルの生成
model = PPO2(policy=CnnPolicy, env=env, verbose=0)

# モデルの読み込み
# model = PPO2.load('sonic_model', env=env, verbose=0)

# モデルの学習
model.learn(total_timesteps=20000000, callback=callback)

# モデルのテスト
state = env.reset()
total_reward = 0
while True:
    # 環境の描画
    env.render()

    # スリープ
    time.sleep(1/120)

    # モデルの推論
    action, _ = model.predict(state)

    # 1ステップ実行
    state, reward, done, info = env.step(action)
```

```
        total_reward += reward[0]

    # エピソード完了
    if done:
        print('reward:', total_reward)
        state = env.reset()
        total_reward = 0
```

■ (1) 環境ラッパー

行動空間は、OpenAI Baselines が提供する SonicDiscretizer ラッパーによって、MultiBinary(12) から Discrete(7) に変更します。ソニックで使う必要最小限の行動のみを選択できるようにしています。

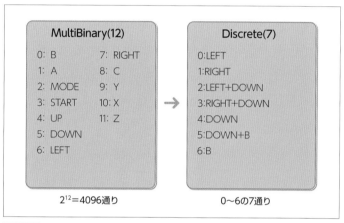

図 7-2-5 ソニックの行動空間の変更

状態空間は、Downsample ラッパーによって (224, 320, 3) から (112, 160, 3)、Rgb2gray ラッパーによって (112, 160, 3) から (112, 160, 1)、FrameStack ラッパーによって (112, 160, 1) から (112, 160, 4) になります。ScaledFloatFrame ラッパーは、状態の各要素が 0 ～ 255 から 0.0 ～ 1.0 になります。

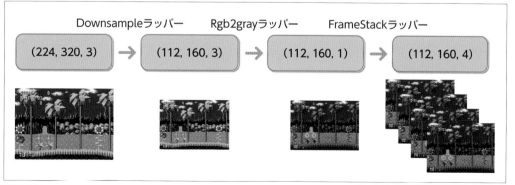

図 7-2-6 状態の前処理 1

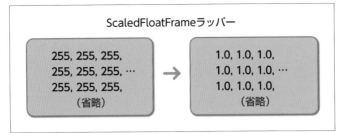

ScaledFloatFrameラッパー

255, 255, 255,
255, 255, 255, …
255, 255, 255,
（省略）

→

1.0, 1.0, 1.0,
1.0, 1.0, 1.0, …
1.0, 1.0, 1.0,
（省略）

図 7-2-7 状態の前処理 2

　最終的な状態空間と行動空間の型は、次のようになります。さらに、TimeLimit ラッパーで 5 分間のタイムアウト、StochasticFrameSkip ラッパーでフレームスキップを追加しています。攻略に 5 分以上かかっている場合は、ステージ内で動けない状態になっている可能性が高いため失敗とみなして、次の学習を走らせるようにしています。

行動空間：Discrete(7)
状態空間：Box(112, 160, 4)

▶ コードの実行

作成したコードを実行します。

```
$ python sonic.py
```

COLUMN

ソニック環境のクラウド学習

　5 章「5-4 クラウド学習」と同様に、ソニック環境でも「クラウド学習」が行えます。ただし、「Gym Retro」環境の準備が必要になるので、「ファイルのアップロード」「Gym Retro のインストール」「ROM のインポート」の部分のみ説明します。

◎ファイルのアップロード

　「Google Drive」のマイドライブ直下に「work」フォルダを作成し、そこに以下のファイルをアップロードします。

- sonic.py
- util.py
- rom.md

　そして、「Google Colab」のノートブックで以下のコマンドを入力して、「Google Drive」から「Google Colab」にコピーします。

強化学習によるソニック環境の攻略

はじめての学習結果

ソニック環境のはじめての学習結果は、次のとおりです。1時間くらいで報酬「5203」
まで上がりましたが、それ以降10時間ほど学習させても、それを越えられない状態にな
りました。

```
train...
time: 2019-08-17 06:12:46.357061+09:00, nupdates: 9, mean: 511.01, best_mean: 511.01,
model_update: True
time: 2019-08-17 06:13:02.002098+09:00, nupdates: 19, mean: 2487.53, best_mean:
2487.53, model_update: True
time: 2019-08-17 06:13:17.833765+09:00, nupdates: 29, mean: 4656.24, best_mean:
4656.24, model_update: True
```

```
time: 2019-08-17 06:13:33.379113+09:00, nupdates: 39, mean: 4531.43, best_mean:
4656.24, model_update: False
```
（省略）
```
time: 2019-08-17 06:59:42.521180+09:00, nupdates: 1839, mean: 4987.01, best_mean:
4987.01, model_update: False
time: 2019-08-17 06:59:58.021217+09:00, nupdates: 1849, mean: 5139.78, best_mean:
5139.78, model_update: True
time: 2019-08-17 07:00:13.580089+09:00, nupdates: 1859, mean: 5203.11, best_mean:
5203.11, model_update: True
time: 2019-08-17 07:00:28.921812+09:00, nupdates: 1869, mean: 4633.82, best_mean:
5203.11, model_update: False
```
（省略）

テスト実行してみると、ループのところで立ち往生していることがわかります。ソニックがループを越えるのに必要な助走が、なかなか覚えられないことがわかりました。

図 7-2-8 ループを越えられず失敗

報酬の変更

助走を覚えやすくするために、「報酬」を「現在の X 座標－ 1 フレーム前の X 座標」から「現在の X 座標－進捗した X 座標の最大値（負の報酬はなし）」に変更します。この報酬にすることで、後ろに戻るペナルティはなくなるので、より助走しやすくなります。

util.py（変更箇所）

```python
# 報酬の変更
self._cur_x = info['x']
reward = max(0, self._cur_x - self._max_x) * 0.1
self._max_x = max(self._max_x, self._cur_x)
```

学習結果は、次のとおりです。30分くらいで報酬「5238」まで上がりましたが、それ以降10時間ほど学習させても、それを超えられない状態でした。さらには、いろいろ試すようになったせいか、平均報酬が上がったり下がったりと不安定な状態になりました。

```
train...
time: 2019-08-17 18:54:45.516582+09:00, nupdates: 9, mean: 702.00, best_mean: 702.00,
model_update: True
time: 2019-08-17 18:54:57.026673+09:00, nupdates: 19, mean: 702.00, best_mean:
702.00, model_update: False
time: 2019-08-17 18:55:08.106501+09:00, nupdates: 29, mean: 702.00, best_mean:
702.00, model_update: False
    （省略）
time: 2019-08-17 19:13:50.412395+09:00, nupdates: 1019, mean: 4670.40, best_mean:
4903.20, model_update: False
time: 2019-08-17 19:14:01.852627+09:00, nupdates: 1029, mean: 5238.60, best_mean:
5238.60, model_update: True
    （省略）
time: 2019-08-17 19:26:25.440679+09:00, nupdates: 1689, mean: 1806.50, best_mean:
5478.10, model_update: False
    （省略）
```

学習率の変更

「強化学習アルゴリズム」のパラメータの1つに「学習率」があります（1章「1-3 強化学習」の「探索と活用」も参照）。

学習率は、モデルの更新をどれだけ急激に行うかを制御するパラメータで、0.0 ～ 1.0 の値です。報酬が継続的に増加しないような場合は、学習率の値を小さくすると安定する場合があるので、「学習率」を減らしてみることにします。

PPO2の「learning_rate」のデフォルト値は「0.00025」なので、1/10の「0.000025」とします。

sonic.py（変更箇所）

```
model = PPO2(policy=CnnPolicy, env=env, verbose=0, learning_
rate=0.000025)
```

学習結果は、次のとおりです。期待どおりに報酬の増減が安定しました。10分でループの場所「5270」に到達、1時間半でループを攻略、3時間で1面のゴールまで到達しました。

```
train...
time: 2019-08-18 08:14:11.095958+09:00, nupdates: 9, mean: 483.00, best_mean: 483.00,
model_update: True
time: 2019-08-18 08:14:22.529804+09:00, nupdates: 19, mean: 483.00, best_mean:
483.00, model_update: False
```

time: 2019-08-18 08:14:33.938286+09:00, nupdates: 29, mean: 483.00, best_mean: 483.00, model_update: False
　　（省略）
time: 2019-08-18 08:25:26.359581+09:00, nupdates: 599, mean: 4044.20, best_mean: 4187.80, model_update: False
time: 2019-08-18 08:25:37.896864+09:00, nupdates: 609, mean: 5270.00, best_mean: 5270.00, model_update: True
time: 2019-08-18 08:25:49.474086+09:00, nupdates: 619, mean: 5270.00, best_mean: 5270.00, model_update: False
time: 2019-08-18 08:26:00.801843+09:00, nupdates: 629, mean: 5270.00, best_mean: 5270.00, model_update: False
time: 2019-08-18 08:26:12.249971+09:00, nupdates: 639, mean: 5270.00, best_mean: 5270.00, model_update: False
time: 2019-08-18 08:26:23.695401+09:00, nupdates: 649, mean: 5371.40, best_mean: 5371.40, model_update: True
　　（省略）
time: 2019-08-18 09:36:11.706082+09:00, nupdates: 4319, mean: 5725.10, best_mean: 5725.10, model_update: True
time: 2019-08-18 09:36:23.220276+09:00, nupdates: 4329, mean: 5725.10, best_mean: 5725.10, model_update: False
time: 2019-08-18 09:36:34.756688+09:00, nupdates: 4339, mean: 6129.50, best_mean: 6129.50, model_update: True
time: 2019-08-18 09:36:46.292796+09:00, nupdates: 4349, mean: 6489.80, best_mean: 6489.80, model_update: True
time: 2019-08-18 09:36:57.788906+09:00, nupdates: 4359, mean: 6957.80, best_mean: 6957.80, model_update: True
time: 2019-08-18 09:37:09.466959+09:00, nupdates: 4369, mean: 6958.10, best_mean: 6958.10, model_update: True
time: 2019-08-18 09:37:20.939411+09:00, nupdates: 4379, mean: 7327.90, best_mean: 7327.90, model_update: True
　　（省略）
time: 2019-08-18 11:26:44.001411+09:00, nupdates: 10069, mean: 9613.20, best_mean: 9613.20, model_update: True
time: 2019-08-18 11:26:55.688520+09:00, nupdates: 10079, mean: 9611.70, best_mean: 9613.20, model_update: False
time: 2019-08-18 11:27:07.465563+09:00, nupdates: 10089, mean: 9613.00, best_mean: 9613.20, model_update: False
time: 2019-08-18 11:27:18.965852+09:00, nupdates: 10099, mean: 9613.00, best_mean: 9613.20, model_update: False
　　（省略）

これで無事、ソニックで１面を攻略することができました。

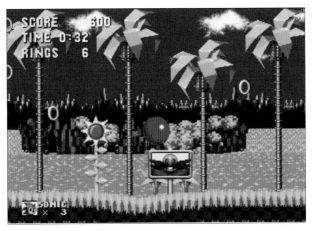

<figure>図 7-2-9 1面を攻略（学習時間：約3時間）</figure>

遺伝的アルゴリズムでソニックを攻略

　人工知能を学習させるには、本書で紹介している「強化学習」「模倣学習」のほかに、「遺伝的アルゴリズム」と呼ばれるものもあります。遺伝子の仕組みを模倣して、さまざまな問題の解（近似解）を得るためのアルゴリズムになります。そして、この「遺伝的アルゴリズム」を人工知能に適用する学習アルゴリズムとして「NEAT」(NeuroEvolution of Augmenting Topologies) があります。

　「NEAT」は、特定のタスクを達成しようとする人工知能の集団をピックアップするアルゴリズムです。はじめの世代では複数の人工知能をランダムに作成します。その中で、高いパフォーマンスを発揮した人工知能をもとに、次世代を創造（繁殖）します。このプロセスを、タスクを達成できる「世代」ができるまで繰り返します。

　詳しくは、以下の遺伝的アルゴリズムによるソニックの攻略に挑戦した記事が参考になります。

How to use AI to play Sonic the Hedgehog. It's NEAT!
https://www.freecodecamp.org/news/how-to-use-ai-to-play-sonic-the-hedgehog-its-neat-9d862a2aef98/

7-3 模倣学習によるソニック環境の攻略

5章でもAtari環境の「Bowling」を例に模倣学習を行いましたが、この節でも、模倣学習によるソニック環境の攻略を行います。前節の強化学習との違いを把握しましょう。

ソニック環境の模倣学習の概要

5章「5-5 模倣学習によるAtari環境の学習」でも述べたように、「Stable Baselines」で使える模倣学習のアルゴリズムは「BC」と「GAIL」がありますが、「Stable Baselines」の「GAIL」は画像による訓練に未対応のため「BC」を使います。

学習用のコードの一覧

デモを収集する「sonic_demo.py」と、事前学習とテストを行う「sonic_bc.py」の2つを用意します。さらに、行動空間の変更、エピソード完了の変更などを行う「util.py」も用意します。

- **sonic_demo.py**：人間のデモを収集するコード
- **sonic_bc.py**：ソニックの学習とテストを行うメインとなるコード
- **util.py**：行動空間の変更、エピソード完了の変更などを行うユーティリティ関数

行動空間の変更

ソニック環境の行動空間を「MultiBinary(12)」から「Discrete(7)」に変更する「SonicDiscretizerラッパー」を作成します。「OpenAI Baselines」が提供する「SonicDiscretizerラッパー」では、キー押下「なし」がなく、人間が操作するには辛いので、ボタンの組み合わせを変更しています。

また、「DOWN+B」は初代ソニックでは必要ない操作（スピンダッシュ）なので、「なし」で置き換えました。

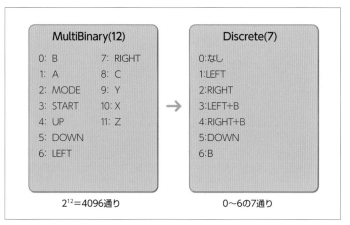

MultiBinary(12)

0:	B	7:	RIGHT
1:	A	8:	C
2:	MODE	9:	Y
3:	START	10:	X
4:	UP	11:	Z
5:	DOWN		
6:	LEFT		

2^{12}=4096通り

→

Discrete(7)

0:なし
1:LEFT
2:RIGHT
3:LEFT+B
4:RIGHT+B
5:DOWN
6:B

0～6の7通り

図 7-3-1 模倣学習のための行動空間の変更

util.py

```python
import gym
import numpy as np

# SonicDiscretizerラッパー
class SonicDiscretizer(gym.ActionWrapper):
    # 初期化
    def __init__(self, env):
        super(SonicDiscretizer, self).__init__(env)
        buttons = ['B', 'A', 'MODE', 'START', 'UP', 'DOWN', 'LEFT',
'RIGHT', 'C', 'Y', 'X', 'Z']
        actions = [[], ['LEFT'], ['RIGHT'], ['LEFT', 'B'], ['RIGHT',
'B'],['DOWN'], ['B']]
        self._actions = []
        for action in actions:
            arr = np.array([False] * 12)
            for button in action:
                arr[buttons.index(button)] = True
            self._actions.append(arr)
        self.action_space = gym.spaces.Discrete(len(self._actions))

    # 行動の取得
    def action(self, a):
        return self._actions[a].copy()
```

エピソード完了の変更

　学習しやすいように、エピソード完了の変更を行う「CustomRewardAndDone ラッパー」を作成します。今回は人間のデモを模倣できているかのみを報酬としているので、報酬の変更は行いません。

```python
# CustomRewardAndDoneラッパー
class CustomRewardAndDoneEnv(gym.Wrapper):
    # ステップ
    def step(self, action):
        state, rew, done, info = self.env.step(action)

        # エピソード完了の変更
        if info['lives'] == 2 or info['x'] > 9600:
            done = True

        return state, rew, done, info
```

人間のデモの収集

　人間のデモを収集するコードを作成します。模倣学習のAPIについては、5章「5-5 模倣学習によるAtari環境の学習」で解説しているので、参照してください。

sonic_demo.py

```python
import random
import pyglet
import retro
import time
from pyglet.window import key
from stable_baselines.gail import generate_expert_traj
from baselines.common.retro_wrappers import Downsample, Rgb2gray,
FrameStack, TimeLimit
from util import *

# 環境の生成(1)
env = retro.make(game='SonicTheHedgehog-Genesis', state='GreenHillZone.
Act1')
env = SonicDiscretizer(env) # 行動空間を離散空間に変換
env = CustomRewardAndDoneEnv(env) # エピソード完了の変更
env = Downsample(env, 2) # ダウンサンプリング
env = Rgb2gray(env) # グレースケール
env = TimeLimit(env, max_episode_steps=4500) # 5分タイムアウト
env.reset()
env.render()

# キーイベント用のウィンドウの生成
win = pyglet.window.Window(width=300, height=100, vsync=False)
key_handler = pyglet.window.key.KeyStateHandler()
win.push_handlers(key_handler)
pyglet.app.platform_event_loop.start()

# キー状態の取得
def get_key_state():
```

```python
    key_state = set()
    win.dispatch_events()
    for key_code, pressed in key_handler.items():
        if pressed:
            key_state.add(key_code)
    return key_state

# キー入力待ち
while len(get_key_state()) == 0:
    time.sleep(1.0/30.0)

# 人間のデモを収集するコールバック
def human_expert(_state):
    # キー状態の取得
    key_state = get_key_state()

    # キー状態を行動に変換（2）
    action = 0
    if key.X in key_state:
        if key.LEFT in key_state:
            action = 3
        elif key.RIGHT in key_state:
            action = 4
        else:
            action = 6
    elif key.DOWN in key_state:
        action = 5
    elif key.LEFT in key_state:
        action = 1
    elif key.RIGHT in key_state:
        action = 2

    # スリープ
    time.sleep(1.0/120.0)

    # 環境の描画
    env.render()

    # 行動の選択
    return action

# 人間のデモの収集の開始
generate_expert_traj(human_expert, 'sonic_demo', env, n_episodes=5)
```

� (1) 環境の生成

ソニック環境を生成するために、game に「SonicTheHedgehog-Genesis」を指定します。そして前処理として、「SonicDiscretizer ラッパー」「CustomRewardAndDoneEnv ラッパー」「Downsample ラッパー」「Rgb2gray ラッパー」「TimeLimit ラッパー」を追加します。

```
env = retro.make(game='SonicTheHedgehog-Genesis', state='GreenHillZone.Act1')
env = SonicDiscretizer(env) # 行動空間を離散空間に変換
env = CustomRewardAndDoneEnv(env) # エピソード完了の変更
env = Downsample(env, 2) # ダウンサンプリング
env = Rgb2gray(env) # グレースケール
env = TimeLimit(env, max_episode_steps=4500) # 5分タイムアウト
env.reset()
env.render()
```

 （2）キー状態を行動に変換

SonicDiscretizer でキーを行動に変換しているのと同様に、human_expert() でもキーを行動に変換します。

```
action = 0
if key.X in key_state:
    if key.LEFT in key_state:
        action = 3
    elif key.RIGHT in key_state:
        action = 4
    else:
        action = 6
elif key.DOWN in key_state:
    action = 5
elif key.LEFT in key_state:
    action = 1
elif key.RIGHT in key_state:
    action = 2
```

人間のデモの収集の実行

コードを実行して、人間のデモの収集を実行します。

```
$ python sonic_demo.py
```

「描画ウィンドウ」と「キー操作ウィンドウ」の2つのウィンドウが表示されます。1つのウィンドウにするは実装が大変なので、分離したままにしています。

コードを実行後、「キー操作ウィンドウ」をフォーカス後に何かキーを押すことで、人間のデモの収集が開始されます。キー操作方法は、次のとおりです。LEFT+B は「左キー＋ X キー」、RIGHT+B は「右キー＋ X キー」で操作します。B ボタンは、Stream では S キーですが、Integration UI では X キーだったので、今回は X キーとしました。

- 左キー：LEFT
- 右キー：RIGHT
- 下キー：DOWN
- X キー：B

図 7-3-2 キー操作ウィンドウで操作を行う

図 7-3-3 描画ウィンドウで実行される

　今回は、5 エピソード分（1 面のクリアまたはライフ 0 で死亡のいずれかが合計 5 回）の記録で終了となります。成功すると、人間のデモの記録が「sonic_demo.npz」と「recorded_images」フォルダが出力されます。

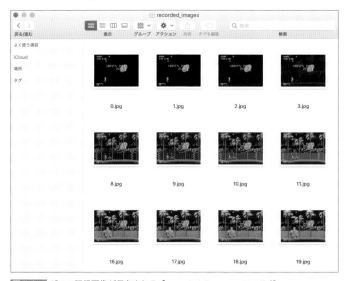

図 7-3-4 デモの記録画像が保存される「recorded_images」フォルダ

 模倣学習による事前学習

　人間のデモ「sonic_demo.npz」を使って事前学習を行います。模倣学習の API については、5 章「5-5 模倣学習による Atari 環境の学習」で解説しているので、参照してください。

```python
import gym
import retro
import time
from stable_baselines import PPO2
from stable_baselines.common.vec_env import DummyVecEnv
from stable_baselines.gail import ExpertDataset, generate_expert_traj
from baselines.common.retro_wrappers import Downsample, Rgb2gray,
FrameStack, TimeLimit
from util import *

# 環境の生成
env = retro.make(game='SonicTheHedgehog-Genesis', state='GreenHillZone.
Act1')
env = SonicDiscretizer(env) # 行動空間を離散空間に変換
env = CustomRewardAndDoneEnv(env) # エピソード完了の変更
env = Downsample(env, 2) # ダウンサンプリング
env = Rgb2gray(env) # グレースケール
env = TimeLimit(env, max_episode_steps=4500) # 5分タイムアウト

# ベクトル環境の生成
env = DummyVecEnv([lambda: env])

# デモの読み込み
dataset = ExpertDataset(expert_path='sonic_demo.npz', verbose=1)

# モデルの生成
model = PPO2('CnnPolicy', env, verbose=1)

# モデルの読み込み
# model = PPO2.load('sonic_bc_model', env=env, verbose=0)

# モデルの事前学習
model.pretrain(dataset, n_epochs=100)

# モデルの学習（今回は必要なし）
# model.learn(total_timesteps=1000)

# モデルの保存
model.save('sonic_bc_model')

# モデルのテスト
state = env.reset()
total_reward = 0
while True:
    # 環境の描画
    env.render()

    # スリープ
    time.sleep(1/120)
```

模倣学習によるソニック環境の攻略

```
# モデルの推論
action, _ = model.predict(state)

# 1ステップ実行
state, reward, done, info = env.step(action)
total_reward += reward[0]

# エピソード完了
if done:
    print('reward:', total_reward)
    state = env.reset()
    total_reward = 0
```

模倣学習による事前学習の実行

コードを実行して、模倣学習による事前学習を実行します。

```
$ python sonic_bc.py
==== Training progress 10.00% ====
Epoch 10
Training loss: 0.089168, Validation loss: 0.121377

==== Training progress 20.00% ====
Epoch 20
Training loss: 0.050086, Validation loss: 0.126749
    （省略）
==== Training progress 100.00% ====
Epoch 100
Training loss: 0.008983, Validation loss: 0.195037
```

学習時間は「30分」ほどかかります。動作テストでは、ソニックが1面を攻略できることがわかります。

ただし、一度道をはずれてデモに存在しない状態になると、何もできなくなります。上手なデモだけでなく、少し失敗しつつも復帰するデモも学習させる必要があります。

7-4 ソニックのAIをさらに強化する試み

最後に、ソニックの AI をさらに強化する高度な試みをいくつか紹介します。

ソニックの 1 ステージ以降の攻略

ソニックの 1 ステージ以降の攻略には、以下のソニックの全ステージの攻略に挑戦した記事が参考になります。

> **Attempting to Beat Sonic the Hedgehog with Reinforcement Learning**
> https://medium.com/aureliantactics/attempting-to-beat-sonic-the-hedgehog-with-reinforcement-learning-6ca32d4fd86e

以下の 3 つのステージが、左に進まなければならない通路があったり、歯車などの特殊な仕掛けがあるため、難関ステージとなっています。

- Marble Zone Act 1
- Star Light Act 3
- Scrap Brain Act 2

図 7-4-1 Marble Zone Act 1

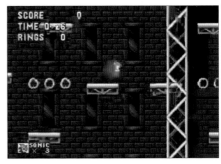

図 7-4-2 Star Light Act 3

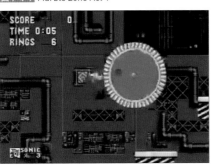

図 7-4-3
Scrap Brain Act 2

　同じ環境でエージェントを学習し続けると、エージェントが環境に過剰適合してしまうことがあります。過剰適合してしまうと、エージェントは環境が少し変わっただけでも適応できなくなってしまいます。これは「教師あり学習」で同一のデータセットで学習し過ぎて「過学習」しているのと同じ状態です。

　そこで、環境にバリエーションを持たせて、エージェントが将来の環境の変化に適応できるように学習する必要があります。このエージェントが将来の環境の変化に適応できるようにすることを「汎化」と呼びます。

　OpenAI では、この「汎化」の訓練の題材として「ソニック」を選び、「OpenAI Retro Contest」を 2018 年に開催しました。「ソニック・ザ・ヘッジホッグ」「ソニック・ザ・ヘッジホッグ 2」「ソニック＆ナックルズ」の 3 作の全 58 ステージで学習を行い、OpenAI が用意したオリジナルステージが攻略できるかどうかを競うものです。

OpenAI Retro Contest

https://contest.openai.com/2018-1/

図 7-4-4 OpenAI Retro Contest の Web ページ

　しかし、訓練時は優れたパフォーマンスが出せるようになりましたが、テスト時は低下してしまい、「汎化」はできませんでした。

　そこで、OpenAI は「汎化」を測定するために、強化学習環境「Procgen Benchmark」を 2019 年にリリースしました。このベンチマークには、ステージをアルゴリズムで自動生成できる 16 個のゲーム環境が含まれています。一度見たステージは二度と出現しないようにできるため、ゲームの攻略には「汎化」が必須になります。

Procgen Benchmark

https://github.com/openai/procgen

図 **7-4-5** Procgen Benchmark の Web ページ

　訓練するステージの数が「汎化」に影響し、16 個すべてのゲームが 100 万種類以上のステージを用意することで、訓練レベルとテストレベルのグラフが重なり、「汎化」できることがわかりました。

　ソニックの持つ「53」というステージ数では、「汎化」には少な過ぎたようです。

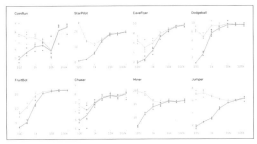
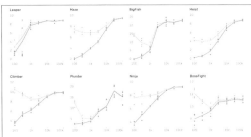

図 **7-4-6** Procgen Benchmark のグラフ

 世界モデルとソニック

　「世界モデル」（World Models）は、外界からの刺激を基に、外界をシミュレートするモデルのことです。つまり、外界世界を過去の経験をもとに、そっくりモデル化してしまいます。これができれば、そのモデルから今後起こるであろうことを「予測」「想像」できます。

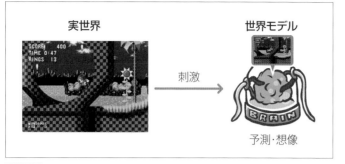

図 7-4-7 世界モデルの概念

　2018 年に発表された DAVID HA の論文「World Models」では、「CarRacing-v0」と「Doom」の 2 つの環境で、エージェントが独自にシミュレートした環境で学習できることが示されました。

World Models

https://worldmodels.github.io

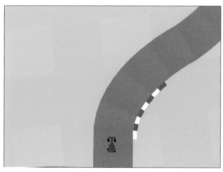

図7-4-8 世界モデルが実現された「CarRacing-v0」の画面　図7-4-9 世界モデルが実現された「Doom」の画面

　この「世界モデル」を「ソニック」に適用しようと挑戦した人の記事が、以下で公開されています。

World Models applied to Sonic

https://dylandjian.github.io/world-models

　現状ではまだ通常の「強化学習 + 模倣学習」に及びませんが、これがうまくいけば、ソニックのステージを頭の中で想像（シミュレート）し、そこで学習することでより「汎化」できるモデルが作成できそうです。今後の研究に期待が持たれます。

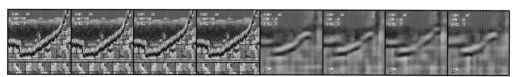

図 7-4-10 実世界（前 4 フレーム）と世界モデル（後 4 フレーム）

8 さまざまな強化学習環境

OpenAI Gym には、これまで本書で紹介した以外にも、さまざまな強化学習を行える環境が揃っています。この章ではそれらの概要を解説し、環境構築、テスト実行や学習などを行って、それぞれの特徴を見ていきましょう。

これまでは、主にゲームの強化学習を取り上げましたが、二足歩行や四足歩行の制御を行う「MuJoCo」環境、ロボット制御を行う「Robotics」環境、FX や株式のトレーディングを行う「AnyTrading」環境なども取り上げます。

さらに、ゲーム開発プラットフォーム「Unity」で強化学習を行うための「Unity ML-Agents」、子供にも大人気のゲーム「マインクラフト」を攻略する「MarLÖ」環境、リアルタイムストラテジーゲーム「StarCraft II」を攻略する「PySC2」環境についても解説しています。

▶ この章の目的

● OpenAI Gym 環境で利用できるさまざまな学習環境を把握し、実際にテスト実行や学習を行わせてみる
● 「MuJoCo 環境」「Robotics 環境」といった 3D の物理エンジン「MuJoCo」を使った学習環境を試してみる
● 「Unity ML-Agents」「PySC2」といった OpenAI Gym 以外のゲームの強化学習環境も試してみる

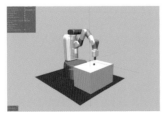
Robotics 環境

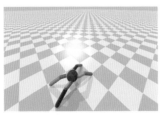
PyBullet 環境

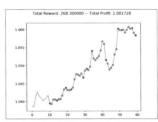
AnyTrading 環境

Unity ML-Agents

MarLÖ 環境 (マインクラフト)

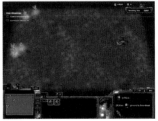
PySC2 環境 (StarCraft II)

OpenAI の MuJoCo 環境と Robotics 環境

この節では、OpenAI Gym に含まれる MuJoCo 環境と Robotics 環境を取り上げます。例題として、ロボットアームを動かす環境に挑戦してみます。

MuJoCo 環境と Robotics 環境の概要

3 章の「OpenAI Gym」でも紹介した「MuJoCo」環境と「Robotics」環境は、3D の物理エンジン「MuJoCo」で開発された連続的な制御タスクを提供する強化学習環境です。「MuJoCo 環境」では二足歩行や四足歩行、「Robotics 環境」ではロボットアームやロボットハンドの環境が提供されています。

これらは、ロボット工学の強化学習環境のデファクトスタンダードですが、「MuJoCo」は商用ライセンス（個人開発者は 500 ドル）が必要になります。ただし、一般は 30 日間、学生は 1 年間無料で利用できる「試用ライセンス」も提供されているので、今回はこれを利用します。

なお、MuJoCo 環境と Robotics 環境の対応 OS は「macOS」「Ubuntu」のみで、「Windows」は現在のところ非対応になります。

MuJoCo の試用ライセンスの取得

「MuJoCo」の試用ライセンスの取得手順は、次のとおりです。

(01) MuJoCo のライセンス取得サイトを開く

MuJoCo
https://www.roboti.us/license.html

図 8-1-1 MuJoCo のライセンス取得サイト

02 Computer Id の取得

　サイトでユーザー登録するには、任意のパソコンを識別する「Computer Id」が必要になります。「Computer Id」を取得するには、サイトのOSに対応した青いリンク（Win32／ Win64 ／ Linux ／ OSX）からスクリプトをダウンロードし、ターミナル（コマンドプロンプト）で実行します。

　macOS の場合は、次のようにコマンドを入力することで、「Computer id」を示す文字列が出力されます。

```
$ chmod 755 getid_osx
$ ./getid_osx
```

03 サイトでのユーザー登録

　一般ユーザーは、「MuJoCo Pro Trial License：30 days」で、「名前」「メールアドレス」「Coumputer Id」を登録します。

Full name	
Email address	
Computer id	Win32　Win64 Linux　OSX
Acceptance	☐ I agree to the terms and conditions of the Trial License.
Submit	

図 8-1-2 一般ユーザーの登録

　学生は、「MuJoCo Personal License：1 year」で、「名前」「メールアドレス」「大学名」を登録します。この時「Student」にチェックしてください。

　登録した情報が正しければ、2日以内に登録したメールアドレスに「Account Number」が届きます。その後、MuJoCo のサイトで「Account number」と「Computer Id」を登録します。

Full name	
Email address	
City and State	
Country	
Organization	
Student	☑ I agree to all the terms of the Personal Student Software License Agreement. I understand that class projects and home works assigned by an instructor are not considered personal projects, and require a paid license (usually provided by the school).
Non-commercial	☐ I agree to all the terms of the Personal Non-commercial Software License Agreement.
Commercial	☐ I agree to all the terms of the Personal Commercial Software License Agreement.
Request license	

図 8-1-3 学生の登録

図 8-1-4 「Account number」 と 「Computer Id」 の登録

(04) 試用ライセンスの「ライセンスキー」（mjkey.txt）が添付されたメールが送られて来るので取得

(05) macOS または Linux 用の MuJoCo バイナリをダウンロード

| macOS 用の MuJoCo バイナリ

https://www.roboti.us/download/mujoco200_macos.zip

| Linux 用の MuJoCo バイナリ

https://www.roboti.us/download/mujoco200_linux.zip

(06) 「~/.mujoco」 フォルダを作成し、「~/.mujoco/mjkey.txt」 にライセンスキー（mjkey.txt）、「~/.mujoco/mujoco200」 に MuJoCo バイナリを配置

「~」 はホームディレクトリを指します。

MuJoCo 環境と Robotics 環境のインストール

「MuJoCo」 環境と 「Robotics」 環境をインストールするには、以下のコマンドを入力します。

```
$ pip install gym[mujoco]
$ pip install gym[robotics]
```

macOS では gcc のインストールを求められますが、最新版では動かなかったので、バージョン 6 をインストールします。

```
$ brew install gcc@6
```

Robotics 環境の動作確認

今回は、Robotics 環境の 「FetchReach-v1」 を使って、動作確認を行います。ロボットアームの先端を赤い丸の目標に移動させる環境になります。

コードの実装

「FetchReach-v1」 をランダム行動で実行するコードは、次のとおりです。

```
hello_robotics.py

import gym

# 環境の生成
env = gym.make('FetchReach-v1')

# ランダム行動による動作確認
state = env.reset()
while True:
    # 環境の描画
    env.render()

    # 1ステップ実行
    state, reward, done, info = env.step(env.action_space.sample())
    print('reward:', reward)

    # エピソード完了
    if done:
        print('done')
        state = env.reset()
```

コードの実行

作成したコードを実行します。成功すると、ロボットアームの環境が表示されます。ランダム行動なので、ぎこちなく動いています。

```
$ python hello_robotics.py
```

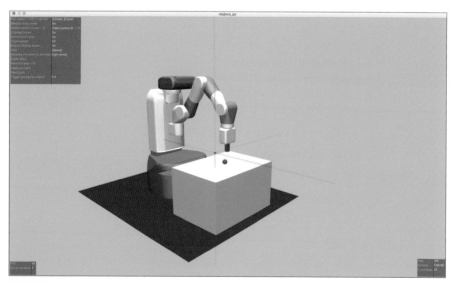

図 8-1-5 FetchReach-v1 のランダム行動

ロボットアームを学習させて、スムーズに動くようにしてみましょう。

コードの実装

「FetchReach-v1」を学習させるコードは、次のとおりです。

train_robotics.py

```python
import gym
import os
from stable_baselines import HER, SAC
from stable_baselines.ddpg import NormalActionNoise
from stable_baselines.bench import Monitor

# ログフォルダの生成
log_dir = './logs/'
os.makedirs(log_dir, exist_ok=True)

# 環境の生成
env = gym.make('FetchReach-v1')
env = Monitor(env, log_dir, allow_early_resets=True)

# HER+SACモデルの生成(1)
model = HER('MlpPolicy', env, SAC,
    n_sampled_goal=4,
    goal_selection_strategy='future',
    verbose=1,
    buffer_size=int(1000000),
    ent_coef='auto',
    batch_size=256,
    gamma=0.95,
    learning_rate=0.001,
    learning_starts=1000)

# モデルの読み込み
# model = HER.load('fetchreach_model', env=env)

# モデルの学習
model.learn(20000)

# モデルの保存
model.save('robotics_model')

# モデルのテスト
state = env.reset()
total_reward = 0
while True:
    # 環境の描画
```

```
        env.render()

        # 行動の取得
        action, _ = model.predict(state)

        # 1ステップ実行
        state, reward, done, info = env.step(action)
        total_reward += reward

        # エピソード完了
        if done:
            print('reward:', total_reward)
            state = env.reset()
            total_reward = 0
```

▶ (1) HER+SAC モデルの生成

　実際のロボット環境では、シミュレータのように高速に学習することは困難なため、少ないステップ数で効率的に学習できる強化学習アルゴリズムが好まれます。

　そこで、サンプル効率の高いオフポリシーの「SAC」を利用します。さらに今回は、失敗からも学ぶ強化学習アルゴリズムの学習法の「HER」も使います。「HER」は、「Stable Baselines」ではオフポリシーメソッド（DQN、SAC、TD3、DDPG）と組み合わせて使う環境ラッパーとして実装されています。

　「SAC」のハイパーパラメータは、次のとおりです。

```
SAC(policy, env, gamma=0.99, learning_rate=0.0003, buffer_size=50000, learning_
starts=100, train_freq=1, batch_size=64, tau=0.005, ent_coef='auto', target_update_
interval=1, gradient_steps=1, target_entropy='auto', action_noise=None, random_
exploration=0.0, verbose=0, tensorboard_log=None, _init_setup_model=True,
policy_kwargs=None, full_tensorboard_log=False, seed=None, n_cpu_tf_
sess=None)
```

　説明：SAC モデルの生成
　引数：policy（ActorCriticPolicy or str 型）　方策
　　　　　env（Gym environment or str 型）　　環境
　　　　　gamma（float 型）　　　　　将来の報酬割引率
　　　　　verbose（int 型）　　　　　ログの詳細表示（0：なし、1：訓練情報、2：Tensor Flow デバッグ）
　　　　　buffer_size（int 型）　　　　Replay Buffer のサイズ
　　　　　ent_coef（str or float 型）　正則化係数（自動の場合は auto）
　　　　　batch_size（int 型）　　　　ミニバッチサイズ
　　　　　learning_rate（float or callable 型）　学習率
　　　　　learning_starts（int 型）　　学習を開始する前に経験を収集するステップ数
　　　　　seed（int 型）　　　　　　乱数シード

　「HER」のハイパーパラメータは、次のとおりです。

> HER(policy, env, model_class, n_sampled_goal=4, goal_selection_strategy='future', *args)
>
> **説明**：HER モデルの生成
>
> **引数**：policy（BasePolicy or str 型）　方策
> env（Gym Env or str 型）環境
> model_class（OffPolicyRLModel 型）　HER を適用するオフポリシー強化学習アルゴリズム
> n_sampled_goal（int 型）　実際の遷移ごとに何個の擬似ゴールを作成するか
> goal_selection_strategy（GoalSelectionStrategy or str 型）　擬似ゴールの作成時の目標を選択するための戦略

上記の「goal_selection_strategy」には、以下の値が設定できます。

- **future**：同じエピソードで、現在のステップの後に達成された目標を選択
- **final**：エピソードの最後に達成された目標を選択
- **episode**：エピソードで達成された目標を選択
- **random**：ある時点で達成された（および Replay Buffer に存在する）目標を選択

今回は、オフポリシーアルゴリズムとして「SAC」を使い、「HER」による擬似ゴールが 4 で、擬似ゴール作成時の目標を選択するための戦略として「future」を使いました。HER のコンストラクタで、SAC の引数も指定しています。

```
model = HER('MlpPolicy', env, SAC,
    n_sampled_goal=4,
    goal_selection_strategy='future',
    verbose=1,
    buffer_size=int(1000000),
    ent_coef='auto',
    batch_size=256,
    gamma=0.95,
    learning_rate=0.001,
    learning_starts=1000)
```

コードの実行

作成したコードを実行します。成功すると、ロボットアームが動いて、アームの先端を赤い丸の目標に移動させるのを見ることができます。

```
$ python train_robotics.py
```

8-2 PyBullet 環境：オープンソースな3D物理シミュレーション環境

前節と同じ 3D シミュレーション環境ですが、オープンソースで提供されている PyBullet 環境を取り上げます。こちらは、OpenAI Gym には含まれていませんが、簡単にインストールが行えます。今回は例として、四足歩行の 3D モデルを歩かせる環境「AntBulletEnv」を学習させてみます。

PyBullet 環境の概要

「PyBullet」環境は、OpenAI Gym の「MuJoCo 環境」に似た環境をオープンソースの 3D 物理エンジン「Bullet」で実装した強化学習環境です。「MuJoCo 環境」は商用ライセンスが必要ですが、PyBullet 環境はオープンソースのため無償で利用できます。

> **PyBullet － Reinforcement Learning Gym Envs**
> https://docs.google.com/document/d/10sXEhzFRSnvFcl3XxNGhnD4N2SedqwdAvK3dsihxVUA/preview#heading=h.wz5to0x8kqmr

MuJoCo 環境に似た PyBullet 環境

「PyBullet」には、以下のような「MuJoCo 環境」に似た環境が提供されています。

- AntBulletEnv-v0
- HalfCheetahBulletEnv-v0
- HopperBulletEnv-v0
- HumanoidBulletEnv-v0
- Walker2DBulletEnv-v0
- InvertedPendulumBulletEnv-v0
- InvertedDoublePendulumBulletEnv-v0
- InvertedPendulumSwingupBulletEnv-v0

 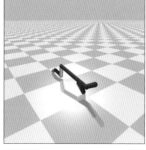 

図 8-2-1 AntBulletEnv-v0 環境　　図 8-2-2 HalfCheetahBulletEnv-v0 環境　　図 8-2-3 HopperBulletEnv-v0 環境

「PyBullet」には、以下のような実際のロボットにも適用される環境も用意されています。環境の生成は専用のクラスを利用します。

- MinitaurBulletEnv-v0

```
from pybullet_envs.bullet.minitaur_gym_env import MinitaurBulletEnv
env = MinitaurBulletEnv(render=True)
```

- RacecarBulletEnv-v0

```
from pybullet_envs.bullet.racecarGymEnv import RacecarGymEnv
env = RacecarGymEnv(renders=True, isDiscrete=False)
```

- KukaBulletEnv-v0

```
from pybullet_envs.bullet.kukaGymEnv import KukaGymEnv
env = KukaGymEnv(renders=True, isDiscrete=False)
```

※執筆時現在（2019 年 12 月）、「この環境は、現時点で訓練に問題があります。調査します。」との注意書きがあります。

図 8-2-4 MinitaurBulletEnv-v0 環境　　図 8-2-5 RacecarBulletEnv-v0 環境　　図 8-2-6 KukaBulletEnv-v0 環境

PyBullet 環境のインストール

「PyBullet」をインストールするには、Anaconda の Python3.6 の仮想環境で、以下のコマンドを入力します。「PyBullet」をインストールすることで、「PyBullet 環境」もインストールされます。

```
$ pip install pybullet
$ pip install tensorflow
$ pip install gym
```

PyBullet 環境の動作確認

インストールが完了したら、動作確認を行ってみます。

コードの実装

今回は、「AntBulletEnv-v0」を利用します。四足歩行の3Dモデルを歩かせる環境になります。「AntBulletEnv-v0」をランダム行動で実行するコードは、次のとおりです。

```
hello_ant.py
import gym
import pybullet_envs #(1)

# 環境の生成
env = gym.make('AntBulletEnv-v0')

# ランダム行動による動作確認
env.render(mode='human') #(2)
env.reset()
while True:
    # 1ステップ実行
    state, reward, done, info = env.step(env.action_space.sample())
    print('reward:', reward)

    # エピソード完了
    if done:
        print('done')
        state = env.reset()
```

(1) pybullet_envs パッケージのインポート

「PyBullet」をインストールすると、「pybullet_envs」パッケージが利用可能になります。そして、「pybullet_envs」をインポートすることで、PyBullet環境がOpenAI Gymに自動的に登録されます。

(2) render() を呼ぶタイミング

「PyBullet」環境は、ほかの環境とrender()を呼ぶタイミングが異なる点に注意してください。env.reset()より前に1回だけ、render(mode='human')を呼びます。

コードの実行

作成したコードを実行します。成功すると、次のように四足歩行の3Dモデルが表示されます。ランダム行動なので、うまく歩けません。

```
$ python hello_ant.py
```

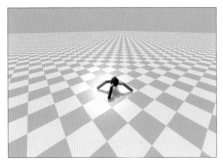

図 8-2-7
「AntBulletEnv-v0」のランダム行動

モデルを学習させて、四足歩行で正しく歩けるようにしてみましょう。

コードの説明

「AntBulletEnv-v0」を学習させるコードは、次のとおりです。

```
train_pybullet.py
import gym
import os
import pybullet_envs
from stable_baselines.common.vec_env import DummyVecEnv
from stable_baselines import PPO2
from stable_baselines.bench import Monitor

# ログフォルダの生成
log_dir = './logs/'
os.makedirs(log_dir, exist_ok=True)

# 環境の生成
env = gym.make('AntBulletEnv-v0')
env = Monitor(env, log_dir, allow_early_resets=True)
env = DummyVecEnv([lambda: env])

# モデルの生成
model = PPO2('MlpPolicy', env, verbose=1)

# モデルの読み込み
# model = PPO2.load('pybullet_model')

# モデルの学習
model.learn(total_timesteps=1280000)

# モデルの保存
model.save('pybullet_model')

# モデルのテスト
env.render(mode='human')
state = env.reset()
total_reward = 0
while True:
    # モデルの推論
    action, _ = model.predict(state)

    # 1ステップ実行
    state, reward, done, info = env.step(action)
    total_reward += reward[0]
```

```
# エピソード完了
if done:
    print('reward:', total_reward)
    state = env.reset()
    total_reward = 0
```

コードの実行

作成したコードを実行します。成功すると、四足歩行で 3D モデルが歩く様子を見ることができます。

```
$ python train_pybullet.py
```

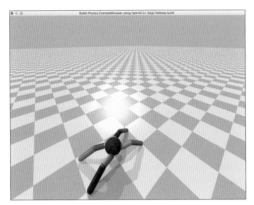

図 8-2-8 「AntBulletEnv-v0」の四足歩行

8-3 AnyTrading：トレーディングの強化学習環境

OpenAI Gym には、ゲームやロボット操作のほかにも、さまざまな強化学習を利用できる環境が用意されています。ここでは、その 1 つとして市場での取引を行う「トレーディング」環境を紹介します。

AnyTrading の概要

「AnyTrading」は、FX や株式のトレーディングアルゴリズムのための強化学習環境です。シンプルさ、柔軟性、包括性に重点が置かれています。FX や株の売買のグラフから、これから上がるか下がるかを予測します。

どのような特徴を含むデータセットを使って学習させれば、トレーディングの予測が上がるかを研究することが目的の環境になります。

> **AnyTrading**
> https://github.com/AminHP/gym-anytrading

「AnyTrading」は、「TradingEnv」「ForexEnv」「StocksEnv」の 3 つの環境を提供しています。

- **TradingEnv**：あらゆる種類の取引環境をサポートするために定義された抽象的な環境
- **ForexEnv**：TradingEnv を継承した FX 向けの環境
- **StocksEnv**：TradingEnv を継承した株式向けの環境

AnyTrading のインストール

「AnyTrading」をインストールするには、Anaconda の Python3.6 の仮想環境で、以下のコマンドを入力します。

```
$ pip install gym-anytrading
```

アクションとポジション

トレーディングアルゴリズムで最初に行うべきことは、「アクション」と「ポジション」

を定義することです。強化学習エージェントがより速く、より効率的な方法で学習できるように、物事を可能な限り簡素化する必要があります。

「AnyTrading」は、必要最低限のアクションとポジションのみ定義しています。

- **アクション**：「Sell」「Buy」
- **ポジション**：「Short」「Long」

「Short」は、売ることもしくは売りポジションを保有することで、市場価格が下がると利益を獲得できます。「Long」は、買うこともしくは買いポジションを保有することで、市場価格が上がると利益を獲得できます。

これら「アクション」と「ポジション」が、強化学習の「行動」と「状態」になります。

データセットのサンプル

市場のデータセットのサンプルとして、以下の2つを提供しています。「/gym_anytrading/datasets/data/」にあり、データセットを指定しない場合は、これらのデータセットが使われます。もちろん、自分で用意したデータセットを利用することもできます。

- FOREX_EURUSD_1H_ASK.csv（FX：ユーロ／ドル）
- STOCKS_GOOGL.csv（株式：Google）

AnyTrading の動作確認

前述のデータセットのうち「FX」を使って、動作確認を行ってみます。

コードの実装

「AnyTrading」のランダム行動で実行するコードは、次のとおりです。

`hello_trading.py`

```python
import gym
import gym_anytrading
import matplotlib.pyplot as plt
from gym_anytrading.envs import TradingEnv, ForexEnv, StocksEnv,
Actions, Positions
from gym_anytrading.datasets import FOREX_EURUSD_1H_ASK, STOCKS_GOOGL
from stable_baselines.common import set_global_seeds

# 環境の生成(1)
env = gym.make('forex-v0', frame_bound=(50, 100), window_size=10)
# env = gym.make('stocks-v0', frame_bound=(50, 100), window_size=10)

# シードの指定
```

```
env.seed(0)
set_global_seeds(0)

# ランダム行動による動作確認
state = env.reset()
while True:
    # 行動の取得(2)
    action = env.action_space.sample()

    # 1ステップ実行(3)
    state, reward, done, info = env.step(action)

    # エピソード完了
    if done:
        print('info:', info)
        break

# グラフのプロット(4)
plt.cla()
env.render_all()
plt.show()
```

▶ (1) 環境の生成

環境生成時の引数は、次のとおりです。

> **gym.make(env, df, window_size, frame_bound, unit_side)**
> **説明**：環境の生成
> **引数**：env（Env 型）　　　　　環境名（FX：forex-v0、株式：stocks-v0）
> 　　　　　df（DataFrame 型）　　自分で用意したデータセット
> 　　　　　window_size（int 型）　ウィンドウサイズ（直近何フレームの情報を状態と
> 　　　　　　　　　　　　　　　　 して利用するか）
> 　　　　　frame_bound（tuple 型）　データセット内の訓練範囲を開始行数と終了行
> 　　　　　　　　　　　　　　　　　 数で指定
> 　　　　　unit_side（str 型）　　　FX の取引を開始する側（ユーロ／ドルの場合は
> 　　　　　　　　　　　　　　　　 「left」でユーロ、「right」でドルを指定）

　今回は「FX」で、訓練範囲を 50 行目から 100 行、ウィンドウサイズを 10 としています。ここでは、テスト用に短い期間にしています。

```
env = gym.make('forex-v0', frame_bound=(50, 100), window_size=10)
```

▶ (2) 行動の取得

「行動」は、「Sell」(0)、「Buy」(1) がランダムに選択されます。

◤ （3）状態の取得

「状態」は、直近のウィンドウサイズ分の「Close」「前日の Close との差分」になります。「Close」は、その日の取引終了時の値になります。

```
[[ 1.03897e+00  0.00000e+00]
 [ 1.03846e+00 -5.10000e-04]
 [ 1.04154e+00  3.08000e-03]
 [ 1.04272e+00  1.18000e-03]
 [ 1.04152e+00 -1.20000e-03]
 [ 1.04109e+00 -4.30000e-04]
 [ 1.04021e+00 -8.80000e-04]
 [ 1.04063e+00  4.20000e-04]
 [ 1.04100e+00  3.70000e-04]
 [ 1.04179e+00  7.90000e-04]]
```

50 ～ 100 行を訓練範囲としているので、初期状態は 41 ～ 50 行目のデータになります。

1	Time	Open	High	Low	Close	Volume
40	03.01.2017 12:00:00.000	1.03942	1.03945	1.03752	1.03893	13954330078
41	03.01.2017 13:00:00.000	1.03894	1.0392	1.0382	1.03917	12018990234
42	03.01.2017 14:00:00.000	1.03917	1.04082	1.0385	1.03897	14061959961
43	03.01.2017 15:00:00.000	1.03892	1.03905	1.03405	1.03846	25460060547
44	03.01.2017 16:00:00.000	1.03848	1.04339	1.03787	1.04154	22960349609
45	03.01.2017 17:00:00.000	1.04152	1.04285	1.04101	1.04272	9072910156
46	03.01.2017 18:00:00.000	1.04273	1.04319	1.04136	1.04152	9602129883
47	03.01.2017 19:00:00.000	1.0415	1.04151	1.04055	1.04109	6771069824
48	03.01.2017 20:00:00.000	1.04108	1.04175	1.04021	1.04021	7786399902
49	03.01.2017 21:00:00.000	1.04018	1.04072	1.04018	1.04063	3862750000
50	03.01.2017 22:00:00.000	1.04061	1.04134	1.04046	1.041	1942979980

図 8-3-1 「FOREX_EURUSD_1H_ASK.csv」データセット

状態が「Close」「前日の Close との差分」なのは、あくまで例です。FX・株のトレーディングアルゴリズムで必ずこの情報を使うというわけではありません。グラフの特徴に影響を与えそうな情報を探し、「状態」として指定することになります。

◤ （4）グラフのプロット

グラフのプロットには、env.render_all() を使います。

```
plt.cla()
env.render_all()
plt.show()
```

◤ コードの実行

作成したコードを実行します。1 エピソード実行し、info とグラフを表示します。「info」には、「累計報酬」「総利益」「ポジション」（0:Short、1:Long）の情報が含まれています。

グラフは、図 8-3-2 のように表示されます。赤は「0：Sell」で落ちる予想、緑は「1：Buy」で上がる予想になります。

```
$ python hello_trading.py
info: {'total_reward': -79.50000000000566, 'total_profit': 0.9853390314740526,
'position': 0}
```

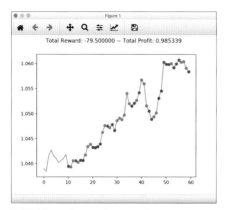

図 8-3-2 訓練前のランダム行動のグラフ

AnyTrading の学習

FX トレーディングを学習させて、利益総額が増えるかどうかを確認してみます。

コードの実装

「AnyTrading」の学習を行うコードは、次のとおりです。

train_trading.py

```python
import gym
import gym_anytrading
import matplotlib.pyplot as plt
import os
from gym_anytrading.envs import TradingEnv, ForexEnv, StocksEnv,
Actions, Positions
from gym_anytrading.datasets import FOREX_EURUSD_1H_ASK, STOCKS_GOOGL
from stable_baselines.common.vec_env import DummyVecEnv
from stable_baselines import PPO2
from stable_baselines.bench import Monitor
from stable_baselines.common import set_global_seeds

# ログフォルダの生成
log_dir = './logs/'
os.makedirs(log_dir, exist_ok=True)

# 環境の生成
env = gym.make('forex-v0', frame_bound=(50, 100), window_size=10)
env = Monitor(env, log_dir, allow_early_resets=True)
```

```
# シードの指定
env.seed(0)
set_global_seeds(0)

# ベクトル化環境の生成
env = DummyVecEnv([lambda: env])

# モデルの生成
model = PPO2('MlpPolicy', env, verbose=1)

# モデルの読み込み
# model = PPO2.load('trading_model')

# モデルの学習
model.learn(total_timesteps=128000)

# モデルの保存
model.save('trading_model')

# モデルのテスト(1)
env = gym.make('forex-v0', frame_bound=(50, 100), window_size=10)
env.seed(0)
state = env.reset()
while True:
    # 行動の取得
    action, _ = model.predict(state)

    # 1ステップ実行
    state, reward, done, info = env.step(action)

    # エピソード完了
    if done:
        print('info:', info)
        break

# グラフのプロット
plt.cla()
env.render_all()
plt.show()
```

▣ (1) モデルのテスト

　訓練時に DummyVecEnv でラップしたため、render_all() を呼べなくなっていたので、テスト用に再度環境を生成しています。

```
env = gym.make('forex-v0', frame_bound=(50, 100), window_size=10)
env.seed(0)
```

作成したコードを実行します。「info」には、次のように表示されます。グラフは図8-3-3のようになり、訓練前と比べて、予測精度が上がっていることがわかります。

```
$ python train_trading.py
info: {'total_reward': 268.29999999999467, 'total_profit': 1.00172764586739,
'position': 0}
```

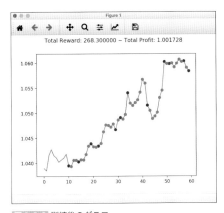

図 8-3-3 訓練後のグラフ

8-4 Unity ML-Agents：Unity の強化学習環境

Unity は、多くのスマホゲームなどで使われているたいへん人気のあるゲーム開発プラットフォームです。Unity ML-Agents は、Unity で機械学習を行えるように 2017 年 7 月に最初のバージョン「v0.1」がリリースされ、高い頻度でアップデートが行われています。

Unity ML-Agents の概要

「Unity ML-Agents」は、Unity で「強化学習」の「環境」を構築し、「エージェント」の学習および推論を行うためのフレームワークで、Unity からオープンソースで提供されています。執筆時現在の最新版「0.11.0」をもとに、サンプルの学習環境「3DBall」の学習および推論の手順を解説します。

Unity ML-Agents
https://github.com/Unity-Technologies/ml-agents

開発環境の準備

Unity は基本的に商用のプラットフォームですが、個人向けには無償版も提供されています。企業向けにもさまざまなライセンス形態があるので、Unity の Web ページで確認の上、環境を準備してください。

Unity の開発環境のインストール

「Unity ML-Agents」を利用するには、「Unity 2017.4」以降が必要になります。今回は「2019.2.2f1」を使っています。以下のサイトからダウンロード後、インストールしてください。

Unity のダウンロード
https://store.unity.com/ja/

Unity ML-Agents のリポジトリのダウンロード
「Unity ML-Agents」の GitHub のリポジトリには、以下が含まれています。

- 強化学習の環境を作成するための Unity アセット
- 強化学習の学習を行う Python スクリプト

以下のコマンドで、リポジトリをクローンすると、ml-agents フォルダが生成されます。

```
$ git clone https://github.com/Unity-Technologies/ml-agents.git -b 0.11.0
```

ml-agents フォルダのフォルダ構成

ml-agents フォルダのフォルダ構成は、次のとおりです。

表8-4-1 ml-agents フォルダのフォルダ構成

フォルダ構成	説明
UnitySDKフォルダ	強化学習の環境を作成するためのUnityアセットが含まれるUnityプロジェクト
UnitySDK/Assetsフォルダ	強化学習の環境を作成するためのUnityアセット
ml-agentsフォルダ	強化学習の学習を行うPythonパッケージ
ml-agents-envsフォルダ	Unity環境とml-agentsパッケージ間のインタフェースとなるPythonパッケージ
configフォルダ	学習のハイパーパラメータを定義したファイル
gym-unityフォルダ	OpenAI Gymと連携するためのパッケージ
docsフォルダ	ドキュメント
demoフォルダ	デモ

Python の仮想環境の作成

Anaconda で「Python 3.6」の仮想環境を作成し、以下のコマンドで「mlagents パッケージ」をインストールします。

```
$ pip install mlagents==0.11.0
```

Unity ML-Agents のプロジェクトの準備

「Unity ML-Agents」のプロジェクトの準備方法は、次のとおりです。

(01) Unity を起動し、Unity のプロジェクトを「3D」で新規作成

(02) 強化学習の「環境」を作成するためのアセット（UnitySDK/Assets/ML-Agents）をプロジェクトの「Assets」フォルダにコピー

(03) メニュー「File → Build Settings...」を選択

(04) 「Target Platform」で、「PC, Mac & Linux Standalone」を選択

(05) 「Player Settings...」ボタンを押す

06 「Other Settings」の「Api Compatibility Level」で「.Net 4.x」を選択

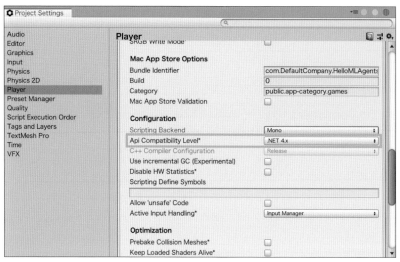

図 8-4-1 「Player Settings」の Api Compatibility Level の設定

07 メニュー「File → Save Project」を選択し、設定を保存

Uniry アセット内のフォルダ構成

Uniry アセット(UnitySDK/Assets/ML-Agents)内のフォルダ構成は、次のとおりです。サイズが大きいので、サンプルの学習環境を利用しない場合は「ML-Agents/Examples」を削除してもよいですが、今回は利用します。

表 8-4-2 Unity アセットのフォルダ構成

フォルダ構成	説明
Editorフォルダ	エディタ関連のスクリプト
Examplesフォルダ	サンプルの学習環境のフォルダ
Pluginsフォルダ	Unity ML-Agentsの各種プラグイン
Resourcesフォルダ	Unity ML-Agentsの各種リソース
Scriptsフォルダ	Unity ML-Agentsの各種スクリプト

サンプルの学習環境の準備

「Unity ML-Agents」が提供しているサンプルの学習環境の１つである「3DBall」を準備します。台の傾きでバランスを取り、ボールを落下させないようにキープする学習環境です。サンプルの学習環境の準備方法は、次のとおりです。

01 Project ウィンドウで「Assets/ML-Agents/Examples/3DBall/Scene」にある
シーン「3DBall」を開く

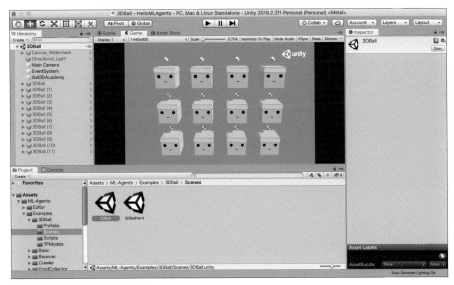

図 8-4-2 付属のサンプル「3DBall」の画面

Python スクリプトによる学習

「強化学習の学習を行う Python スクリプト」を使って、「サンプルの学習環境」を学習
します。学習が完了すると「推論モデル」が生成されます。

01 Python の仮想環境で、「ml-agents」のルートに移動し、「mlagents-learn」コマ
ンドで「学習」を開始

「mlagents-learn」の書式は、次のとおりです。

書式　$ mlagents-learn <学習コンフィグファイルのパス> --run-id=<実行ID> --train

「学習コンフィグファイル」は学習用のハイパーパラメータをまとめた yaml ファイル
で、「ml-agents/config/trainer_config.yaml」にあります。「実行 ID」は、異なる訓練
結果を分離するために使用する任意の文字列です。「--train」は推論でなく学習であるこ
とを指定します。

今回は、次のようにコマンドを入力します。すると、以下のようなログが表示されます。

```
$ mlagents-learn ./config/trainer_config.yaml --run-id=firstRun --train
```

```
INFO:mlagents.trainers:CommandLineOptions(debug=False, num_runs=1, seed=-1, env_path=None, run_id='firstRun', load_model=False
, train_model=True, save_freq=50000, keep_checkpoints=5, base_port=5005, num_envs=1, curriculum_folder=None, lesson=0, slow=Fa
lse, no_graphics=False, multi_gpu=False, trainer_config_path='./config/trainer_config.yaml', sampler_file_path=None, docker_ta
rget_name=None, env_args=None, cpu=False)
INFO:mlagents.envs:Start training by pressing the Play button in the Unity Editor.
```

「Start training by pressing the Play button in the Unity Editor」（Unity Editor の Play ボタンを押して訓練を開始してください）と表示されたら準備完了です。

(02) Unity の Play ボタン（▶）を押して学習開始

最初のうちはボールを落としますが、徐々に上達する様子が見れます。

図 8-4-3 「3DBall」を学習中の画面

ログには、「Mean Reward」（平均報酬）と「Std of Reward」（標準偏差）が出力されます。

```
INFO:mlagents.trainers: firstRun: 3DBall: Step: 2000. Time Elapsed: 20.894 s Mean
Reward: 1.251. Std of Reward: 0.795. Training.
INFO:mlagents.trainers: firstRun: 3DBall: Step: 3000. Time Elapsed: 31.224 s Mean
Reward: 1.438. Std of Reward: 0.913. Training.
INFO:mlagents.trainers: firstRun: 3DBall: Step: 4000. Time Elapsed: 41.293 s Mean
Reward: 1.728. Std of Reward: 1.055. Training.
INFO:mlagents.trainers: firstRun: 3DBall: Step: 5000. Time Elapsed: 51.512 s Mean
Reward: 2.382. Std of Reward: 1.612. Training.
```
（省略）

50000 ステップ（学習コンフィグファイルの初期設定）に達すると学習完了です。
「ml-agents/models/firstRun-0/3DBall.nn」に「推論モデル」が出力されています。

Unity での推論モデルの実行

「推論モデル」の利用手順は、次のとおりです。

(01) 推論モデル「3DBall.nn」をプロジェクトの「Assets」にコピー

(02) Project ウィンドウで「Assets/ML-Agents/Examples/3DBall/Prefabs」にある
「3DBall」を選択し、Inspector で「Open Prefab」をクリック

図 8-4-4
「3DBall」のインスペクターの
「Open Prefab」ボタン

(03) プレハブ「3DBall」内の「Agent」を選択

「Agent」は強化学習のエージェントの情報を管理するコンポーネントです。シーン
「3DBall」内には 12 個のプレハブ「3DBall」のインスタンスが存在します。12 個すべ
てのインスタンスに対して設定更新する代わりに、プレハブ「3DBall」でまとめて更新
できます。

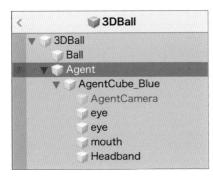

図 8-4-5
プレハブの「Agent」の選択

(04) 「Agent」の Inspector の「Behavior Parameters」の「Model」に、「3DBall.
nn」をドラッグ & ドロップ

エージェントで利用する推論モデルを指定しています。

図 8-4-6
学習済みの推論モデルを設定

(05) Unity の Play ボタン（▶ボタン）を押して推論開始

　推論が実行され、ボールがバランスを取る様子を見ることができます。「学習を行う Python スクリプト」が実行されているかどうかに応じて、Unity の Play ボタンで学習と推論のどちらが実行されるかが決まります。

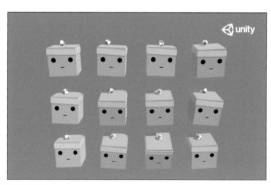

図 8-4-7 推論モデルで「3DBall」を実行

　Unity ML-Agents の主なコンポーネントとして、「Academy」と「Agent」があります。

◎ Academy

　「Academy」（アカデミー）は、強化学習環境の全体に対する設定を行うオブジェクトです。強化学習環境には必ず 1 つ存在します。エピソードの最大ステップ数や、レンダリング品質、リセットパラメータの設定などを行います。

◎ Agent

　「Agent」（エージェント）は、強化学習環境のエージェントに対する設定を行うオブジェクトです。強化学習環境には 1 つ以上の「Agent」が存在します。

　エージェントは、「観察の取得→行動の決定→行動の実行→報酬の取得」という強化学習サイクルの一連の処理を行います。「Agent クラス」以外にもエージェントのパラメータを設定するコンポーネントが存在します。「Behavior Parameters」は必須で、「CameraSensorComponent」「RenderTextureComponent」は必要に応じて追加します。

- **Behavior Parameters**：行動の決定に必要なパラメータ
- **CameraSensorComponent**：カメラによる目視観察のパラメータ
- **RenderTextureComponent**：テクスチャによる目視観察のパラメータ

8-5 Gym ラッパー：Unity ML-Agents 環境を Gym 環境に変換

前節の Unity ML-Agents には、3 章以降で紹介している「OpenAI Gym」環境で学習させるためのラッパーが付属しているので、この節ではそれを試してみましょう。

Gym ラッパーの概要

「Unity ML-Agents 環境」は、「Unity ML-Agents」が提供している「Gym ラッパー」でラップすることで、OpenAI Gym 環境として利用することができます。

今回は、前節で解説した「3DBall」を「Gym ラッパー」でラップし、「Stable Baselines」で学習します。

> **Unity ML-Agents Gym Wrapper**
> https://github.com/Unity-Technologies/ml-agents/tree/master/gym-unity

Gym ラッパーの制限

Gym ラッパーは、すべての「Unity ML-Agents」環境を Gym 環境に変換できるわけではありません。次のような制限があります。

- Gym 環境として使用できるのは、単一のエージェントのみ
- 最初の「Visual Observation」が存在する場合、観察として提供される。それ以外の場合、「Vector Observation」が状態として提供される
- 「allow_multiple_visual_obs = True」を指定すると、すべての「Visual Observation」を取得できる
- 環境からの BrainInfo は、env.step() の info からアクセスできる
- 「Stacked Vector Observations」は未サポート
- gym.make() は未サポート

Gym ラッパーのインストール

「Unity ML-Agents」の「Gym ラッパー」をインストールするには、以下のコマンドを入力します。バージョンは、ML-Agents のバージョンと揃えます。

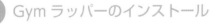

```
$ pip install gym_unity==0.11.0
```

3DBall 学習環境の準備

「3DBall」を Gym ラッパーでラップする前に、「3DBall」環境自体を準備します。

(01) 前節と同様に「サンプルの学習環境の準備」を行う

(02) Gym ラッパーの制限に「単一のエージェントのみ」があるため、Hierarchy ウィンドウの「3DBall（1）」〜「3DBall（11）」を削除

図 8-5-1 単一のエージェントにするため 11 個のエージェントを削除

(03) 推論時の画面サイズが初期値だと小さくて見づらいので、「640 × 360」に変更

Hierarchy ウィンドウの「Ball3DAcademy」を選択し、Inspector の Training Configuration の Width と Height に 640 と 360 を指定します。

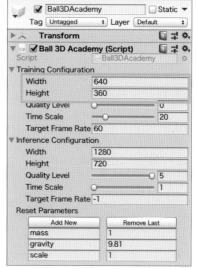

図 8-5-2 推論時の画面サイズの設定

04 Unity のメニュー「File → Build Settings」を選択

05 「Scene In Build」にシーンが存在しない場合、「Add Open Scenes」で追加し、「Build」ボタンを押す

環境の実行ファイル「3DBall.app（.exe）」が生成されます。

図 8-5-3 シーンを追加してビルド

Gym ラッパーによる Unity ML-Agents 環境の動作確認

サンプル「3DBall」の実行ファイルができたら、これを OpenAI Gym で実行してみます。

コードの実装

「3DBall」をランダム行動で実行するコードは、次のとおりです。

```
hello_mlagetns.py

import gym
from gym_unity.envs import UnityEnv

# 環境の生成(1)
env = UnityEnv('3DBall')

# ランダム行動による動作確認
state = env.reset()
while True:
    # 環境の描画
```

```
    env.render()

    # 行動の取得
    action = env.action_space.sample()

    # 1ステップ実行
    state, reward, done, info = env.step(action)
    print('reward:', reward)

    # エピソード完了
    if done:
        print('done')
        state = env.reset()
```

(1) 環境の生成

　Gym ラッパーで「Unity ML-Agents 環境」を利用するには、「UnityEnv()」を使います。「UnityEnv()」の書式は、次のとおりです。

UnityEnv(environment_filename, worker_id, use_visual,uint8_visual, multiagent, flatten_branched,allow_multiple_visual_obs will)

> **説明**：Unity ML-Agents の環境を Gym 環境として読み込み
> **引数**：environment_filename（str 型）　Unity ML-Agents 環境の名前
> 　　　　　worker_id（int 型）　　環境との通信に使用するポート番号（デフォルトは 0）
> 　　　　　use_visual（bool 型）　Visual Observation かどうか（False：Vector Observation、True：Visual Observation）
> 　　　　　uint8_visual（bool 型）　Visual Observation を uint8 値（0 ～ 255）で出力するかどうか（False：0.0 ～ 1.0、True：0 ～ 255）
> 　　　　　multiagent（bool 型）　複数のエージェントを含む環境で起動するかどうか（デフォルトは False）
> 　　　　　flatten_branched（bool 型）　　ブランチして行動空間をフラット化するかどうか（False：Discrete、True：Multi Discrete）
> 　　　　　allow_multiple_visual_obs will（bool 型）　複数の観察を返すかどうか（デフォルトは False）
> **戻り値**：env（Env 型）環境

　今回は、環境の名前に「3DBall」を利用します。「hello_mlagetns.py」と「3DBall.app（.exe）」は同じフォルダに配置してください。

```
env = UnityEnv('3DBall')
```

コードの実行

　作成したコードを実行すると、ランダム行動が実行されます。

```
$ python hello_mlagents.py
```

図 8-5-4
Gym ラッパーで「3DBall」の
ランダム行動

Gym ラッパーによる Unity ML-Agents 環境の学習

OpenAI Gym での動作が確認できたところで、引き続き学習を行って、結果を確かめ
てみます。

コードの実装

Stable Baselines で「3DBall」を学習するコードは、次のとおりです。

```
train_mlagents.py
```
```python
import gym
import os
from stable_baselines.common.vec_env import DummyVecEnv
from stable_baselines import PPO2
from stable_baselines.bench import Monitor
from gym_unity.envs import UnityEnv

# ログフォルダの生成
log_dir = './logs/'
os.makedirs(log_dir, exist_ok=True)

# 環境の生成
env = UnityEnv('3DBall')
env = Monitor(env, log_dir, allow_early_resets=True)
env = DummyVecEnv([lambda: env])

# モデルの生成
model = PPO2('MlpPolicy', env, verbose=1)

# モデルの読み込み
# model = PPO2.load('mlagents_model')

# モデルの学習
model.learn(total_timesteps=128000)

# モデルの保存
model.save('mlagents_model')
```

```python
# モデルのテスト
state = env.reset()
total_reward = 0
while True:
    # 環境の描画
    env.render()

    # モデルの推論
    action, _ = model.predict(state)

    # 1ステップ実行
    state, reward, done, info = env.step(action)
    total_reward += reward[0]

    # エピソード完了
    if done:
        print('reward:', total_reward)
        state = env.reset()
        total_reward = 0
```

▌ コードの実行

作成したコードを実行すると、学習とテストが実行されます。

```
$ python train_mlagents.py
```

8-6 MarLÖ：マインクラフトの模倣学習環境

　サンドボックス型のゲームとして、世界的に大人気の「マインクラフト」（Minecraft）でも学習を行わせ、AIにプレイさせることができます。こちらも、OpenAI Gym環境で試すことが可能です。ここでは、マインクラフトが複雑なゲームであることから、模倣学習させる例を示します。

MarLÖ の概要

　「MarLÖ」は、「マインクラフト」の強化学習環境です。「金を発見する」「Mobを捕まえる」などのマインクラフトに関する11個の強化学習環境が提供されています。学習環境には、マインクラフト自体も含まれています。

MarLÖ
https://github.com/crowdAI/marLo

　「macOS」「Linux」に対応とありますが、「macOS」ではうまく動作しなかったので、「Ubuntu」（Linux）で試しています。

COLUMN

Malmö とは

　「MarLÖ」と似た「マインクラフト」の強化学習環境として「Malmö」があります。これは「マインクラフト」をAI研究用のプラットフォームとするためのラッパーで、「マインクラフト」の開発元でもあるマイクロソフト社が提供しています。
　「MarLÖ」は、この「Malmö」をさらにラップして、「OpenAI Gym」のインタフェースに対応させたものになります。

Malmö
https://github.com/microsoft/malmo

MarLÖ のタスク

　「MarLÖ」には、表8-6-1のようなタスクが用意されています。今回は、一番シンプルな「MarLo-FindTheGoal-v0」に挑戦します。部屋の中の金を発見するタスクになります（表8-6-2）。

表 8-6-1 MarLö のタスク一覧

環境ID	説明
MarLo-MazeRunner-v0	迷路を抜けてレッドストーンの柱への到達するタスク
MarLo-CliffWalking-v0	崖の迷路の端に置かれているダイヤモンドを拾うタスク
MarLo-CatchTheMob-v0	1人または2人のエージェントが、対象のMobを捕まえ、現在いるブロックから逃げられないようにするタスク
MarLo-FindTheGoal-v0	金を発見するタスク
MarLo-Attic-v0	マンションの屋根裏部屋にあるゴールド・ダイヤモンド・レッドストーンを発見するタスク
MarLo-DefaultFlatWorld-v0	暗く雪が降っている天候で、エージェントのスポーン近くの場所に到達するタスク
MarLo-DefaultWorld-v0	通常のランダムなマインクラフトの世界で、金・ダイヤモンド・レッドストーンを発見するタスク
MarLo-Eating-v0	食品が散らばった平らなマップで、健康的な食品のみを拾うするタスク
MarLo-Obstacles-v0	障害物やレバーによって作動するドアがある部屋で、金・ダイヤモンド・レッドストーンを発見するタスク
MarLo-TrickyArena-v0	レッドストーン・黒曜石・氷・水・溶岩の穴が散らばった平らなマップで、できるだけ多くの黒曜石を踏んでからレッドストーンに到達するタスク
MarLo-Vertical-v0	階段・梯子などの多くの垂直配置のあるマップで、塔の最上部で金・ダイヤモンド・レッドストーンを発見するタスク

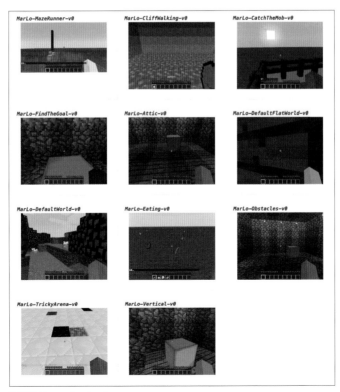

図 8-6-1 MarLö のタスク

表 8-6-2 MarLo-FindTheGoal の強化学習の要素

強化学習の要素	MarLo-FindTheGoal
目的	金の発見
行動	0：なし 1：前進 2：後進 3：右回転 4：左回転
状態	800×600×3の画面イメージ（各ドットは0〜255）
報酬	ステップ毎に−0.01 金の発見に+0.5 タイムオーバー時に−0.1
エピソード完了	金の発見 タイムオーバー

MarLÖ のインストール

「MarLÖ」をインストールするには、Anaconda の Python 3.6 の仮想環境で、以下の
コマンドを入力します。後ろ 2 行のインストールのテストでは、エラーが出ないことだ
けを確認します。

```
$ conda config --add channels conda-forge
$ conda install -c crowdai malmo
$ pip install -U marlo

# インストールのテスト
$ python -c "import marlo"
$ python -c "from marlo import MalmoPython"
```

マインクラフトのクライアントの起動

これまでの多くの強化学習環境は、環境とエージェントの両方を Python スクリプトで
実行してきましたが、「MarLÖ」では環境とエージェントを別々に実行します。「マイン
クライアント」の「クライアント」（ゲーム本体）を起動して環境を準備し、それとは別
にエージェントとなる Python スクリプトを実行し、「クライアント」に接続します。

タスクによっては、2 つのクライアント、2 つのエージェントを同時起動し、共同作業
を行うこともできます。

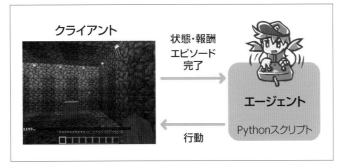

図 8-6-2 MarLÖ でのクライアントとエージェントの関係

　「マインクラフト」の「クライアント」（ゲーム本体）を起動するには、次のコマンドを入力します。成功すると、以下のようにタイトル画面が表示されます。

```
$ $MALMO_MINECRAFT_ROOT/launchClient.sh -port 10000
```

図 8-6-3 マインクラフトのタイトル画面

エージェントの起動

　マインクラフトが起動できたら、エージェントを接続して操作できることを確認します。

コードの実装

　エージェントを起動して、ランダム行動で実行するコードは次のとおりです。

`hello_marlo.py`

```python
import marlo

# 接続トークンの生成(1)
client_pool = [('127.0.0.1', 10000)]
join_tokens = marlo.make('MarLo-FindTheGoal-v0',
    params={"client_pool": client_pool})
assert len(join_tokens) == 1
join_token = join_tokens[0]
```

```
# 環境の生成(2)
env = marlo.init(join_token)

# ランダム行動による動作確認
state = env.reset()
while True:
    # 行動の取得
    action = env.action_space.sample()

    # 1ステップ実行
    state, reward, done, info = env.step(action)
    print('reward:', reward)

    # エピソード完了
    if done:
        print('done')
        break

# 環境のクローズ
env.close()
```

▶ (1) 接続トークンの生成

はじめに、クライアントとの接続情報を保持する「接続トークン」を生成します。接続先の「IP」と「ポート」の Tuple のリストを生成します。今回は、IP はローカルホスト（127.0.0.1）、ポート番号は 10000 としました。

次に、marlo.make() に「MarLÖ」の環境 ID と、先ほど準備した Tuple のリストを渡して、「接続トークン」を取得します。

```
client_pool = [('127.0.0.1', 10000)]
join_tokens = marlo.make('MarLo-FindTheGoal-v0',
    params={"client_pool": client_pool})
assert len(join_tokens) == 1
join_token = join_tokens[0]
```

▶ (2) 環境の生成

marlo.init() に「接続トークン」を渡して、環境を生成します。「MarLÖ」の環境では、render() は使いません。「クライアント」側は常に表示されており、描画のステップ実行は自動的に進みます。

そのため、env.step() を呼ぶタイミングが遅いと、途中の状態は取得できないまま学習が進みます。報酬は取得できなかった状態の報酬も含めた報酬和が渡されます。

▶ コードの実行

作成したコードを実行します。クライアントを実行したターミナル（コマンドプロンプト）とは別に Anaconda の仮想環境を開いて、実行してください。「マインクラフト」のクライアントでランダム行動が始まります。

```
$ python hello_marlo.py
```

図 8-6-4 マインクラフトのランダム行動が実行される

MarLÖ の模倣学習

　マインクラフトのような複雑なゲームを、最初から強化学習で学習させるのは困難なので、人間のデモを収集し、模倣学習を行わせます。

コードの実装

　「MarLÖ」の模倣学習のデモを収集するコードは、次のとおりです。

demo_marlo.py

```python
import marlo
import os
import pyglet
import time
from pyglet.window import key
from stable_baselines.gail import generate_expert_traj
from stable_baselines.common.vec_env import DummyVecEnv
from stable_baselines.bench import Monitor
from baselines.common.atari_wrappers import *

# 接続トークンの生成
client_pool = [('127.0.0.1', 10000)]
join_tokens = marlo.make('MarLo-FindTheGoal-v0',
    params={"client_pool": client_pool})
assert len(join_tokens) == 1
join_token = join_tokens[0]

# 環境の生成
env = marlo.init(join_token)
env = WarpFrame(env, width=400, height=300) # 画面イメージを400×300のグレース
ケールに変換
```

```python
# キーイベント用のウィンドウの生成
win = pyglet.window.Window(width=300, height=100, vsync=False)
key_handler = pyglet.window.key.KeyStateHandler()
win.push_handlers(key_handler)
pyglet.app.platform_event_loop.start()

# キー状態の取得
def get_key_state():
    key_state = set()
    win.dispatch_events()
    for key_code, pressed in key_handler.items():
        if pressed:
            key_state.add(key_code)
    return key_state

# キー入力待ち
while len(get_key_state()) == 0:
    time.sleep(1.0/30.0)

# 人間のデモを収集するコールバック
def human_expert(_state):
    # キー状態の取得
    key_state = get_key_state()

    # 行動の選択
    action = 0
    if key.UP in key_state:
        action = 1
    elif key.DOWN in key_state:
        action = 2
    elif key.RIGHT in key_state:
        action = 3
    elif key.LEFT in key_state:
        action = 4

    # スリープ
    time.sleep(1.0/10.0)

    # 行動の選択
    return action

# 人間のデモの収集（4）
generate_expert_traj(human_expert, 'marlo_demo', env, n_episodes=10)
```

「MarLÖ」の模倣学習を行うコードは、次のとおりです。

train_marlo.py

```python
import marlo
import time
from stable_baselines import PPO2
from stable_baselines.common.vec_env import DummyVecEnv
```

```python
from stable_baselines.gail import ExpertDataset, generate_expert_traj
from baselines.common.atari_wrappers import *

# 接続トークンの生成
client_pool = [('127.0.0.1', 10000)]
join_tokens = marlo.make('MarLo-FindTheGoal-v0',
    params={"client_pool": client_pool})
assert len(join_tokens) == 1
join_token = join_tokens[0]

# 環境の生成
env = marlo.init(join_token)
env = WarpFrame(env, width=400, height=300) # 画面イメージを400×300のグレース
ケールに変換
env = DummyVecEnv([lambda: env])

# デモの読み込み
dataset = ExpertDataset(expert_path='marlo_demo.npz',verbose=1)

# モデルの生成
model = PPO2('CnnPolicy', env, verbose=1)

# モデルの読み込み
# model = PPO2.load('marlo_model')

# モデルの事前訓練
model.pretrain(dataset, n_epochs=1000)

# モデルの学習（今回は必要なし）
# model.learn(total_timesteps=1000)

# モデルの保存
model.save('marlo_model')

# モデルのテスト
state = env.reset()
total_reward = 0
while True:
    # スリープ
    time.sleep(1/10)

    # 行動の取得
    action, _ = model.predict(state)
    print('action>>>',action)

    # 1ステップ実行
    state, reward, done, info = env.step(action)
    total_reward += reward[0]

    # エピソード完了
    if done:
        print('reward:', total_reward)
```

```
        state = env.reset()
        total_reward = 0
```

コードの実行

最初に、模倣学習のデモの収集のコードを実行し、人間がプレイを行います。デモとして、10 エピソード収集します。これにより、デモ「marlo_demo.npz」「recorded_images」が生成されます。

```
$ python demo_marlo.py
```

次に、模倣学習を行うコードを実行します。成功時には、エージェントが金に向かって進むようになります。

```
$ python train_marlo.py
```

図 8-6-5 模倣学習による金の発見

ただし、うまく動いてくれないこともよくあります。これは 3D ゲームが、同じ場所なのに視野の画像が違う、または違う場所なのに視野の画像が似ているということよくあるため、小さいマップでも 10 エピソード程度では探索しきれていないことが原因になります。

3D ゲームは 2D ゲームと比べて、学習が非常に難しいタスクであることがわかります。

COLUMN

MineRL

「MineRL」は、「マインクラフト」のデモの大規模データセットです。このデータセットには、「マインクラフト」のさまざまなタスクの自動注釈付きの状態行動ペアが、6,000 万以上含まれています。さらに、新しいタスクの導入と、データ収集を可能にする「データ収集プラットフォーム」も提供します。

MineRL：Towards AI in Minecraft
http://minerl.io/

PySC2：StarCraft II の強化学習環境

これまでは、OpenAI Gym 環境でのさまざまな強化学習を取り上げてきましたが、この節では複数のプレイヤーがリアルタイムで競うゲーム「StarCraft II」を攻略する「PySC2」環境を紹介します。「PySC2」は大規模な強化学習環境のため、ここでは学習環境の構築とテスト実行のみを解説します。

なお、「StarCraft II」は以前は有償でしたが、2017 年 11 月から無償で公開されています。

StarCraft II の概要

「StarCraft II」は、世界中で人気のリアルタイムストラテジーゲームです。資源の生産とユニットの製造を行いながら勢力を広げる、陣取りゲームになります。

エージェントは、フレーム毎に素早い行動を行うことができますが、勝利の一因となるのは速度だけではありません。資源やユニットをマルチタスクで管理し、それらのスコアを最大化する必要があります。これは、OpenAI Gym の Atari 環境よりもはるかに複雑な環境になります。

StarCraft II API の機能

「StarCraft II API」は、「StarCraft II」を外部ソフトウェアから制御するための API です。開発元である「Blizzard」が提供しています。

> **GitHub － Blizzard/s2client-proto: StarCraft II Client － protocol definitions used to communicate with StarCraft II.**
> https://github.com/Blizzard/s2client-proto

この API は、次のようなソフトウェアを開発するための機能を提供し、市販の Windows および Mac クライアントで使用できます。「StarCraft II API」のサイトのダウンロードリンクから、Linux クライアントも利用できます。

- スクリプトボット
- 機械学習ベースのボット
- リプレイ分析
- 人間のプレイを助けるツール

PySC2 の概要

「PySC2」は、エージェントが「StarCraft II 環境」（SC2 環境）から状態を取得したり行動を送信したりするための Python インターフェースです。AlphaZero などの開発元である「DeepMind 社」が提供しており、内部的に「StarCraft II API」が使われています。

これは、OpenAI Gym のインタフェースとは異なる「StarCraft II」専用の強化学習インタフェースになります。

PySC2 － StarCraft II Learning Environment
https://github.com/deepmind/pysc2

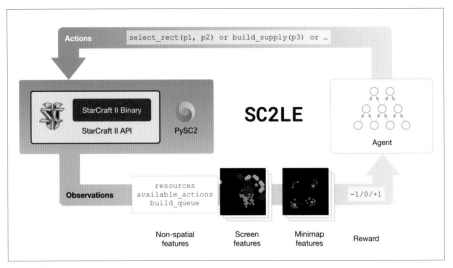

図 8-7-1 StarCraft II API と PySC2 の概念図

StarCraft II（ゲーム本体）のインストール

「StarCraft II」のゲーム本体をインストールします。

Windows ／ macOS 版のインストール

01 「Battle.net」のデスクトップ版のインストーラを、以下からダウンロードしてインストール

「Battle.net」は「Bluzzerd」のオンラインゲームサービスのアプリです。

BATTLE.NET デスクトップ版
https://www.blizzard.com/ja-jp/apps/battle.net/desktop

02 「Battle.net」を起動し、「StarCraft II」の「今すぐプレイする」ボタンを押し、
「StarCraft II」のインストールを開始

図 **8-7-2** 「今すぐプレイする」で、ダウンロード開始

03 「プレイ」ボタンを押して、ゲームを開始

図 **8-7-3** ゲームプレイの開始

Linux 版のインストール

Linux 版は、「Blizzard」が提供するドキュメントに従ってインストールします。イン
ストール場所は「~/StarCraft II/」としてください。それ以外にインストールする場合は、
環境変数「SC2PATH」にインストール場所を指定します。

Downloads ― Linux Packages
https://github.com/Blizzard/s2client-proto#downloads

StarCraft II のフォルダ構成

「StarCraft II」のフォルダ構造は、次のとおりです。存在しないサブフォルダは、作成する必要があります。

StarCraft II
- Battle.net
- Maps
- Replays
- SC2Data
- Versions

macOS では、アプリケーションにインストールされています。初期のフォルダ構造は次のとおりです。

▼ 📁 StarCraft II
　▶ 📁 Interfaces
　　 📄 Launcher.db
　▶ 📁 SC2Data
　　 🌀 StarCraft II Editor.app
　　 🌀 StarCraft II.app
　　 📁 Support
　　 📁 Versions

図 8-7-4 macOS 版のフォルダ構造

Map の入手

「PySC2」には、多くの Map が提供されています。「PySC2」を実行する前に、Map として利用する「Ladder Map」（通常マップ）または「Mini-Game」（ミニゲーム）をダウンロードしておく必要があります。

Ladder Map
https://github.com/Blizzard/s2client-proto#downloads

「Ladder Map」の ZIP の解凍パスワードはリンク先に書いてあり、これを利用することで「AI and Machine Learning License」に承諾したことになります。

Mini-Game
https://github.com/deepmind/pysc2/releases/download/v1.2/mini_games.zip

今回は、「Mini-Game」をダウンロードして解凍してください。ダウンロードしたら、自身の「Starcraft II/Maps/」に解凍します。

StarCraft II
- Maps
  - mini_games
    - BuildMarines.SC2Map
    - CollectMineralsAndGas.SC2Map
    - CollectMineralShards.SC2Map
    - DefeatRoaches.SC2Map
    - DefeatZerglingsAndBanelings.SC2Map
    - FindAndDefeatZerglings.SC2Map
    - MoveToBeacon.SC2Map

 PySC2 のインストール

「PySC2」をインストールするには、Anaconda の Python3.6 の仮想環境で、以下のコマンドを入力します。

```
$ sudo pip install pysc2
```

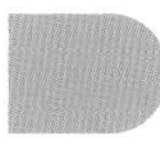

 ランダム行動による SC2 環境のプレイ

ランダム行動による SC2 環境のプレイを実行するには、次のコマンドを実行します。Map は「mini_games/CollectMineralShards」を指定しています。

これによって、ランダムエージェントの行動を示すゲーム画面が表示され、エージェントがどのような環境でどのような行動を採っているかを見ることができます。

```
$ python -m pysc2.bin.agent --map CollectMineralShards
```

図 8-7-5 SC2 環境のプレイ画面

　また、SC2 環境の状態は画面イメージではなく、「feature layer」と呼ばれるエージェントの学習に適した色分け画像を使います。SC2 環境実行時には、「feature layer」を確認できる UI もいっしょに表示されます。

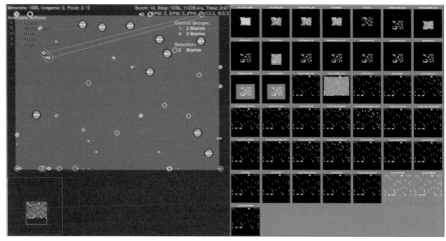

図 8-7-6 強化学習用の「feature layer」の確認画面

サンプルエージェントによる SC2 環境のプレイ

　ゲーム内のタスクの１つであるミネラルを収集するように、スクリプト化されたサンプルエージェントを実行するには、次のコマンドを実行します。

```
$ python -m pysc2.bin.agent --map CollectMineralShards --agent pysc2.agents.
scripted_agent.CollectMineralShards
```

　StarCraft II のミニゲームの一覧は、次のとおりです。

> **StarCraft II 'mini games' for AI research**
> https://www.youtube.com/watch?v=6L448yg0Sm0&feature=youtu.be

表 8-7-1 StarCraft II のミニゲーム

ミニゲーム	説明
CollectMineralShards	ミネラルの収集
CollectMineralsAndGas	ミネラルとガスの収集
BuildMarines	Marineの構築
DefeatRoaches	Roacheを倒す
DefeatZerglingsAndBanelings	ZerglingとBanelingを倒す
FindAndDefeatZerglings	Zerglingを見つけて倒す
MoveToBeacon	ビーコンに移動

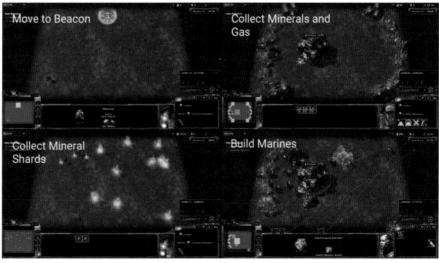

図 8-7-7 StarCraft II のミニゲームの画面

「PySC2」の詳細情報

　「PySC2」についてより詳しくは、開発元の DeepMind 社が公開している以下の
Web サイトが参考になります。

DeepMind and Blizzard open StarCraft II as an AI research environment

https://deepmind.com/blog/announcements/deepmind-and-blizzard-open-starcraft-ii-ai-research-environment

StarCraft II：A New Challenge for Reinforcement Learning

https://arxiv.org/abs/1708.04782

Build a Zerg Bot with PySC2 2.0

https://itnext.io/build-a-zerg-bot-with-pysc2-2-0-295375d2f58e

8-8 そのほかの強化学習環境

最後に、そのほかの強化学習環境をいくつか紹介しておきます。OpenAI Gym ベースのものと、それ以外の環境がありますが、ここでは概要のみ説明していますので、興味がある環境があれば、それぞれの公式 Web サイトなどを参照してください。

Obstacle Tower

「Obstacle Tower」は、エージェントが塔を可能な限り上の階まで登ることを目的としたゲーム環境です。機械学習研究者向けのコンテストのために開発された環境で、「Unity」で制作されています。

> ### GitHub － Unity-Technologies/obstacle-tower-challenge：Starter Kit for the Unity Obstacle Tower challenge
> https://github.com/Unity-Technologies/obstacle-tower-challenge

図 8-8-1 Obstacle Tower の画面

GVGAI GYM

「GVGAI GYM」は、ビデオゲーム記述言語（Video Game Description Language）で記述されたゲーム用の強化学習環境です。AI 研究用に作成された 9 個のクラシックゲームのクローンが含まれています。「Generic Video Game コンペティション」用のフレームワークも含まれています。

> ### rubenrtorrado/GVGAI_GYM
> https://github.com/rubenrtorrado/GVGAI_GYM

http://www.gvgai.net/

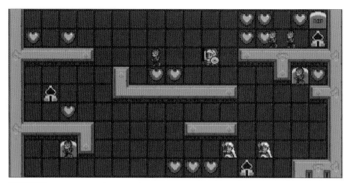

図 8-8-2 GVGAI GYM に含まれるゲームの画面

gym-city

「Micropolis」（オープンソース版のシムシティ 1）および「Conway's Game of Life」
の 1 プレイヤーバージョンを含む、さまざまな規模の都市計画を行うための強化学習環
境になります。

smearle/gym-city：An interface with micropolis for city-building agents,
packaged as an OpenAI gym environment

https://github.com/smearle/gym-city

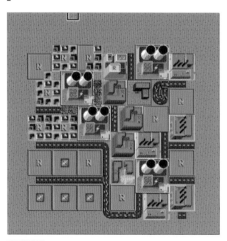

図 8-8-3 gym-city の画面

PGE：Parallel Game Engine

「PGE」（Parallel Game Engine）は、人工知能実験用のゲームエンジンです。ブロッ
ク積みゲーム、カートポール、四足歩行、テニスなどの環境が提供されています。

そのほかの強化学習環境

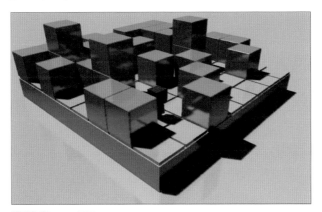

図 8-8-4 PGE の画面

gym-gazebo

「gym-gazebo」は、「ROS」（Robot Operating System）と「Gazebo」を使用した、ロボット工学向けの環境です。「ROS」はロボット開発のための開発ツールやライブラリが含まれたオープンソースソフトウェア、「Gazebo」はロボット開発のためのシミュレータになります。

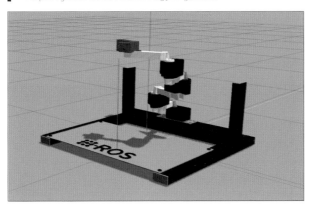

図 8-8-5 gym-gazebo の画面

gym-maze

「gym-maze」は、単純な 2D 迷路環境です。目的は、スタートからゴールまでの最短経路を見つけることになります。

https://github.com/MattChanTK/gym-maze

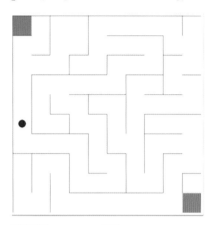

図 8-8-6 gym-maze の画面

osim-rl

「osim-rl」は、人間の筋骨格モデルと物理ベースのシミュレーション環境です。人間モデルのコントローラーを開発して、最小限の労力で速度命令に従って、歩くまたは走ることが目的になります。

https://github.com/stanfordnmbl/osim-rl

図 8-8-7 osim-rl の画面

gym-minigrid

「gym-minigrid」は、シンプルかつ軽量なグリッドワールド環境です。各環境はサイズや複雑さがプログラムで調整可能で、カリキュラムの学習や難易度の微調整に役立ちます。

> **GitHub － maximecb/gym-minigrid：OpenAI Gym 用のミニマルなグリッドワールドパッケージ**
> https://github.com/maximecb/gym-minigrid

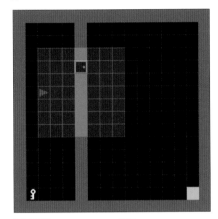

図 8-8-8 gym-minigrid の画面

gym-miniworld

「gym-miniworld」は、強化学習とロボット研究のためのミニマルな 3D インテリア環境です。部屋、ドア、廊下などさまざまなオブジェクトを含む環境をシミュレートするために使用できます。

> **GitHub － maximecb/gym-miniworld：Simple 3D interior simulator for RL & robotics research**
> https://github.com/maximecb/gym-miniworld

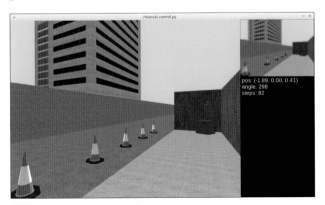

図 8-8-9 gym-miniworld の画面

gym-sokoban

「gym-sokoban」は、倉庫の保管場所にすべての荷物を運ぶ倉庫番のゲーム環境です。DeepMindの論文「Imagination Augmented Agents for Deep Reinforcement Learning」で提示されたルールに基づいて実装されています。

GitHub － mpSchrader/gym-sokoban：Sokoban environment for OpenAI Gym
https://github.com/mpSchrader/gym-sokoban

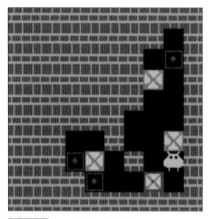

図8-8-10 gym-sokoban の画面

gym-donkeycar

「Donkey Car」は、市販のラジコンカーを改造して自律走行させることができるプラットフォームです。「gym-donkeycar」は、この「Donkey Car」のシミュレータの Gym 環境になります。

Donkey Car
https://www.donkeycar.com/

GitHub － tawnkramer/gym-donkeycar：OpenAI gym environment for donkey car simulator
https://github.com/tawnkramer/gym-donkeycar

図 8-8-11 「Donkey Car」（ラジコンカー）

図 8-8-12 gym-donkeycar の画面

gym-duckietown

「Duckietown」は、MIT（マサチューセッツ工科大学）発の、ロボット工学と AI を学ぶためのプラットフォームです。自動車（Duckiebot）、道路、信号、標識、障害物、輸送を必要とする人（Duckies）、そしてそれらが住む都市（Duckietown）で構成されています。「gym-duckitown」は、この「Duckietown」のシミュレータ環境になります。

> **Duckietown － A playful way to learn robotics**
> https://www.duckietown.org/

> **GitHub － duckietown/gym-duckietown：Self-driving car simulator for the Duckie town universe**
> https://github.com/duckietown/gym-duckietown

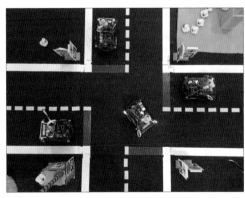

図 8-8-13 Duckietown の街の例

図 8-8-14 gym-duckietown の画面

GymFC

「GymFC」は、姿勢制御に重点を置いたフライトコントロールチューニングフレームワークです。世界初のニューラルネットワークでサポートされているフライトコントロールファームウェア「Neuroflight」で使用されるコントローラーの開発にも利用されます。

> GitHub － wil3/gymfc：A universal flight control tuning framework
> https://github.com/wil3/gymfc/

GymGo

シンプルな囲碁の強化学習環境になります。

> aigagror/GymGo: An environment of the board game Go using OpenAI's Gym API
> https://github.com/aigagror/GymGo

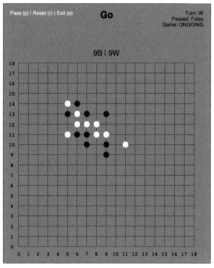

図 8-8-15 GymGo の画面

Gym Electric Motor（GEM）

さまざまなタイプの電気モーターとコンバータを考慮に入れて、多種多様な電気ドライブをシミュレートする強化学習環境になります。

> upb-lea/gym-electric-motor：Gym Electric Motor（GEM）：An OpenAI Gym Environment for Electric Motors
> https://github.com/upb-lea/gym-electric-motor

そのほかの強化学習環境

Python の文法関連の索引

索引

索引

■ **布留川 英一**（ふるかわ ひでかず）

1975 年生まれ。群馬県出身。会津大学コンピュータ理工学部コンピュータソフトウェア学科卒。

1999 年、「JAVA PRESS」（技術評論社）にて、携帯アプリの開発方法の連載を開始。2001 年、株式会社ドワンゴにて、世界初の Java 搭載携帯電話「503i」のローンチタイトル「サムライロマネスク」の開発に携わる。以後、携帯電話・スマートフォン・ロボットなど新ハードの新機能を活用したアプリを作りつつ、技術書を書き続け、20 年で 40 冊ほど。現在はギリア株式会社にて、ヒトと AI の共生環境の実現を目指して、人工知能の研究開発に取り込んでいる。

主な著書は「AlphaZero 深層学習・強化学習・探索 人工知能プログラミング実践入門」「iPhone ／ Android アプリ開発者のための機械学習・深層学習 実践入門」（ボーンデジタル／ 2019 年刊）、「Unity ではじめる機械学習・強化学習 Unity ML-Agents 実践ゲームプログラミング」（ボーンデジタル／ 2018 年刊）、「Unity ゲーム プログラミング・バイブル」（共著、ボーンデジタル／ 2018 年刊）など。

■ カバー・本文デザイン：**宮嶋 章文**
■ 本文 DTP：**辻 憲二**

OpenAI Gym/Baselines 深層学習・強化学習
人工知能プログラミング実践入門

2020 年 2 月 25 日 初版第 1 刷発行

著者　　布留川 英一
発行人　村上 徹
編集　　佐藤 英一
発行　　株式会社ボーンデジタル
　　　　〒 102 － 0074
　　　　東京都千代田区九段南 1 丁目 5 番 5 号 九段サウスサイドスクエア
　　　　Tel：03-5215-8671　　Fax：03-5215-8667
　　　　https://www.borndigital.co.jp/book/
　　　　E-mail：info@borndigital.co.jp

印刷・製本　　シナノ書籍印刷株式会社

ISBN978-4-86246-472-9
Printed in Japan